飛來的異鄉客

Those Passerby

孫啟元 著

作者簡介

孫啟元(William SUEN Kai Yuen)

出境遊、遊世界、自由行 總編輯
野生動物、海底生態 攝影家
野生動物保護基金會 創辦人
郭良蕙文學創作基金會 創辦人

二〇〇四年獲任中國動物學會獸類學分會理事 任期四年。
二〇〇四年獲任東北林業大學野生動物資源學院兼職教授 任期三年。
二〇〇四年獲任廣州大學生物與化學工程學院客座教授 任期三年。

郭良蕙長子，臺灣嘉義出生，屏東眷村長大，乳名小熊。自幼聰穎，個性靜中帶動，喜獨處，交遊廣濶。興趣多樣性，常思考，常閱讀，常探討人生，常思維哲學。好搖滾、爵士、古典音樂，好鑽研考古，好攝影寫作。熱愛大自然，屢屢觀察動物行為。熱愛旅遊，足跡遍布全世界。

一九七一年，奉母之命，旅居香港，放眼世界，培養獨立精神，發揮大無畏遺傳基因，海濶天空，放蕩不羈。
一九七九年起，任職多份雜誌主編。
一九八〇年起，周遊列國。
一九九一年起，專注哺乳類野生動物行為觀察，進出非洲六十餘次。
一九九三年起，醉心潛水，探索海洋生態。
一九九四年起，投入原始部落演化過程，前進巴布亞新畿內亞五次。

一九九六年起，先後在香港舉辦十三次個人生態攝影展；同時期於臺灣舉辦十次生態攝影個展；接受包括CNN電視臺、SCMP南華早報、RTHK香港電視臺、BBC中國廣播公司、TTV臺灣電視公司等訪問。

二〇〇〇年起，和裴家騏教授、賴玉菁教授組織研究團隊，開始進行香港哺乳類野生動物調查。

二〇一四年起，校對並出版母親生前六十四部著作全集，捐贈各大圖書館。

至今，已成為當今野生動物、海底生態攝影家，兼野生動物、海底生態研究愛好者，也是中國古文物業餘研究鑑定學者。

歷年著作包括：

「蠻荒非洲」

「誰在乎攝影」

「飛來的異鄉客」

「非常攝影」

「野性的堅持」

「永遠的禁錮」
「荒野狂奔」
「靜止中的流動」
「狗臉歲月」
「謎樣的裸露」
「模糊的腳印」
「走樣的臉孔」
「住在城裡的野人」
「蝙蝠的危機上冊」
「蝙蝠的危機下冊」
「遊子心 我的母親——作家 郭良蕙」
「醜陋的傳教士」
「眷村小子　外省掛」
「二二八的原住民」
「蠻荒非洲巡狩誌」

序

思考太多的人，往往減少行動；相反的，太多行動，會無暇思考。

○○○

而奇怪的是，孫啟元既多思考，又多行動，忙得幾乎不知所以然；勸告不聽，我方才悟出：勸告不如禱告，電波——聖靈——會向他頻頻傳遞帶領信號，倒真見功效。此外，據統計人的頭腦能量驚人，連大科學家愛因斯坦，也不過只用到頭腦的十分之一。啟元距離飽和點，還遠，尚可再接再勵。

至於行動的勞累，啟元自己有一套方法，他能把握住洋人所謂的「工作時工作，休息時休息」，休息充足，可以恢復行動的負荷。

○○○

最近，啟元向我展示一件長桿包囊，並且說：「給您看看新鮮的東西。」像變戲法魔術一般，把那件猶如軍人的野外制服布篷支撐起來，形成一間容量不小的保護包帳幕，原來是觀鳥設備；四周開有洞口，為架立鏡頭使用。帳幕和野地混成一片，消除飛鳥防範戒心，較能從容觀賞及取景。啟元一一解釋完畢，又收疊妥當，由他的悉心及細心，不難察出他凡事認真求新。

○○○

人一直有想飛的願望，對於鳥雀的自由翺翔，羨慕不已。鳥類——深奧莫測的飛禽，就因為人類嗜殺成性，才保持避之則吉的敵對地位。社會文明，促進生態保護，像野生動物一樣，野生飛禽也成為關注焦點。先進國家都備專用基金，供應專人研究運用。

而啟元，資源方面：自給自足；人力方面：單打獨鬥。僅憑個人勇氣和毅力，竟也使他闖出一片天地。陸上、海底、天空，獸人、蛙人、鳥人，他確實享受到各項樂趣，並且以不私心作為出發胸襟，不斷創造眾樂樂的環境。

○○○

多年前，居住嘉義，啟元自幼稚園畢業，校方請我代表家長上台致詞，面對一群小朋友，我簡單鼓勵他們長大以後做有用的人。幼稚園的畢業典禮，我從沒有和啟元談起他是否還有記憶，不過可安慰的，我不曾期望他做偉人，做要人；而他已一步步促使自己做有用的人。

○○○

人人為我，我為人人，到處都感受到愛心。

世間，畢竟有溫暖，有關懷，有光亮；這一切，都顯示在「飛來的異鄉客」的美麗翎毛上。

郭良蕙

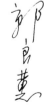

前言

○○○

保護野生動物，保育自然環境，往往由驚天動地的傳媒報導，才能喚醒大家的留意，才會愕然發現原來周邊的自然環境和野生動物，經過滋擾，萬一滅絕，就會直接或間接為人類帶來困擾。困擾，甚至包括下一代男性精蟲的活動能力明顯、且呈不正常比率下降。亮起紅燈的警告，更警示我們，大家正在吃着、吸收着，具有毒素於一身的魚、蝦、豬、牛、甚至是蔬菜。這些毒素的來源，正是出自你我懵然不知的雙手。原來，我們正在把污染環境的各類廢料，毫不經意，已經下意識、且不經處理，回歸給了大自然。廢料毒素，令整體食物鏈立即呈現惡性循環。無處不在的惡性循環，使得你我體內都聚集或多或少、有影響或目前還看不見影響程度的化學毒素。不重視這種情況，不保護野生動物、不關心自然環境，假以時日，人類就會像雷同其它一些生物，一樣被淘汰出局，很可能現在也正是淘汰過程的開始。

○○○

寫這本書的目的，本來就是在敘述避寒過境的各種候鳥，希望能夠盡可能圖文並茂，把候鳥帶至鮮有機會觀賞的朋友眼前，期望你能從中體會較有動感的文字和畫面。

事實上，經過一年觀察和身體力行，確實感覺困難重重。越是稀有的品種，越不容易看見。就算幸運遇到，也只限於驚鴻一瞥，恍如捕風捉影，根本談不上四目交投，甚至印象深刻。即使有機會駐足瞻望，又因為距離太遠，無技可施，手握相機卻無用武之地。猛然驚醒，恍然大悟，為什麼觀鳥會延伸成為聽鳥。儘管在隱密環境看不見雀鳥的情況之下，但求聽到，也就等於看見了。

目前，文字和畫面，皆尚未演進到可以用耳聞代替目睹。我只能盡力把自己一年之內所有的心得，完全公開紙上，務求盡力表達，進而盡量和大家分享。

○○○

由前進非洲記錄哺乳類野生動物，以至四處潛水拍攝海洋生物，又再興致勃勃追踪避寒候鳥，讓我萌生一套自以為是的想法，那就是無論是自然環境、又或者是野生動物，都應該屬於你我之間的三度空間，也都屬於三度空間之中的你和我。只要有興趣融合，只要有興趣參與，任何人都會順其自然融為其中一份子。至於我，在這裡也只是一座橋樑。藉着我，希望你可以更容易地走進大自然。就是這套自以為是的想法，這麼多次的攝影展，我從來就不簽名或賣畫。我甚至固執地認為自己只是屬於三度空間，屬於大家的中間媒介。我的責任只不過是從中記錄林林種種，進而描述點點滴滴。

目錄

孫啟元的探索，跨出國人第一步

〇〇〇

以前，對於動物的了解，只限於家裡豢養的貓狗雞鴨鵝，或者電影才能夠觀看的各種大小野生動物。和一般人一樣，我覺得銀幕那些不知名的野生動物，既可怕、又和自己扯不上丁點關係。身邊的貓狗雞鴨鵝，因為相處日久，沒有了解的必要，更談不上有研究的需要。不知不覺，茫茫然，瞬間過了四十幾個年頭，直到有一天。

有一天，我霍地跌進回憶深淵。我想起以往經常蹭身而過的貓貓狗狗，又想起從小總是跟着父母到電影院觀看動物影片，印象深刻。我決定身歷其境，前進非洲，看看真正的野生動物究竟是個什麼樣子。說做就做，當機立斷，很快地，我已經出發。三年之內，進出非洲十次之多。前進非洲，那可真要有十足的魄力和極大的耐性來推動。到底是什麼力量讓自己不顧一切進出非洲？我捫心自問，始終大惑不解。

可能就是那一群又一群，那一望無際的非洲哺乳類野生動物。踏上非洲，看見真正的非洲哺乳類野生動物，霎時就被前所未見的景象猛然吸引。真正的大自然，真正的野生動物，就連自己呼吸的氣味和品質也都野性十足。我不得不對眼前所見，肅然起敬。野生動物，立時和我畫上等號。文明根本不足掛齒，大自然才是真正偉大，浩氣凜然。

經歷三年，茅塞頓開，我終於了解生態循環和平衡的重要，我開始領悟任何動物都有生存的權利和必然。

○○○

動物，其實也都知道動物有生存的權利和必然。只要仔細觀察，從家裡的貓狗就可以洞察一二，無論眼神、表情、尾巴擺動、耳朵垂豎、肢體動作，都有代表的意思。當然，豢養在家裡的貓狗，因為環境單純，經常倒地就睡，至於膳餘的時間，除了和主人溝通，表示需要吃喝、散步、玩耍，還會本能地悍衛疆土領域，在發情期也免不了要找機會求偶傳宗接代，經常還會急得團團轉。為了保持良好關係，主人的一舉一動，貓狗似乎都能會意，甚至經常投主所好，搖尾乞憐。

野生動物，其實也都知道野生動物有其生存的權利和必然。只要觀察大自然環境的野生動物，就能令人更加了解。只有在尚未被文明侵蝕的大自然環境，適者生存、弱肉強食，才會歷歷在目。布置得天衣無縫的食物鏈，不分晝夜，循環輪迴，逐步淘汰着老弱殘兵，維持生機勃勃，欣欣向榮。

非洲，近百年之前，已經規劃有大大小小的自然生態保護區，早就成為世界各地追踪研究野生動物的生物學者、以及對於野生動物懷有濃厚興致的生態遊客，爭相到訪首選之地。非洲，只要用心觀察，就可以洞悉野生動物依據本能即知其有生存的權利和必然。達爾文的演化論，來到非洲即能夠輕易印證。非洲的自然生態保護區，讓來到非洲觀察野生動物的學者和遊客無不手舞足蹈，不分你我，大家都開心得不得了。

非洲，成為追踪研究野生動物的一塊寶地。非洲，可以四處看見美國國家地理雜誌、英國BBC、日本自然教科書、國際大學研究所、全球知名電視臺，埋頭工作的精英份子，記錄、報導、錄像、攝影。只要在非洲自然生態保護區進出，總會遇見這些學者從早到晚，孜孜不倦，悉心鑽研。身處蠻荒非洲，除了被數以萬計的哺乳類野生動物深深吸引，更會被那些敬業樂業的狂熱追踪研究專家完全折服。面對令人肅然起敬的大自然，我決定和姑且被我稱之為專家的那群狂熱份子一樣，拿起相機專心一志地四處捕捉野生動物的舉止神態，決定全心全意記錄野生動物，決定以毅力和耐心了解野生動物。

好吧，就讓自己由非洲哺乳類野生動物的本能開始入手。結果，短短三年，不知不覺，進出非洲就是十次了。

我不知道，為什麼有些學者，總是要將人類和動物釐清界線，生怕混為一談，以為就會導至世紀大災難。很多人都認為，動物的一舉一動，完全出自本能主導，而非思想誘發。

我卻認為動物有動物的思考模式，儘管缺乏人類從學習所得到的複雜運算能力、以及老早演變的思維形式，但是在動物必然生存的環境裡面，那些看起來似乎頗為簡單的本能反射，顯然已經相當複雜。動物絕對有足夠能力交叉運用簡單的本能，將其轉換成思想誘發，得以進行更進一步的複式行為。我絕對認為動物有屬於自己、而且是人類可能永遠無法知悉的思維範疇。起碼，動物也有長在頭頂而被人類稱之為腦的部分。有腦，就有思想，而不僅僅是只能處理一些機械式的本能反射動作。

○ ○ ○

究竟應該怎麼樣觀察記錄野生動物？首先必須依賴望遠鏡。望遠鏡，追踪觀察野生動物的必備基本工具。高倍數望遠鏡，不但可以提供亮度較為理想的視力輔助，更能夠輕易把主題拉近，剪裁周邊不需要的無關雜物。換言之，透過望遠鏡，能夠更集中注意力，聚精會神，追踪研究野生動物。

究竟應該怎麼樣拍攝記錄野生動物？首先必須依賴長焦距鏡頭。長焦距鏡頭，一般會由多組鏡片組合，不容易提供亮度較為理想的視力輔助，卻也可以藉由相機觀景窗一邊拍攝、一邊追踪視野之內的野生動物。

除了努力研讀相關書籍和參考資料，對於野生動物了解的辦法，只有不斷逐一觀察。惟有觀察，才得以從野生動物的眼神和表情，大致揣度野生動物即將進行什麼行動。

一次接着一次的蠻荒非洲實地觀察和拍攝，就在極有耐心、極度用心的情形之下，終於有了結果。藉着觀察獲得的心得，我已經可以捕捉野生動物的眼神和表情。藉着攝影鏡頭，我已經能夠大致了解野生動物的取向。我決定要將拍攝底片放大成為巨幅相片，嘗試舉辦攝影展。攝影展，除了可以分享野生動物勢不可擋的魅力，還能夠增進彼此保護野生動物的概念。

我決定要告訴大家：「外國人能夠做到，我們也一定能夠做到，甚至超越外國人。」

○○○

想要舉辦攝影展，無論是什麼題材，都會是一件艱辛無比的繁瑣工作。

起初，我只顧懷着熱情如火的衝動，不知天高地厚，決定前往香港九龍尖沙咀文化中心申請展場。不知道什麼叫做尺度，什麼才是水準，篩選底片，逐一放大，一邊寫着粗枝大葉的非洲哺乳類野生動物習性標題介紹。

當年，三月間，我正式踏出舉辦攝影展的第一步。踏出第一步，迴響熱烈，欲罷不能，從此奠定自己開始走上野生動物攝影的不歸路。就像很多名人所講過那樣，我覺得自己好像有了使命感，只不過我的使命感為的是幫助野生動物說話，為的是因為人類開發而逐漸滅絕的自然生態環境而說話。一次又一次舉辦攝影展之後，我更自以為是不斷埋首寫作，圍繞着野生動物叙家常，圖文並茂，出版叢書，發行各地。寫作，後來也成為我和攝影展平行進行的另外一條不歸路。

○ ○ ○

香港，畢竟比臺灣較早、而又較正面接受西方文化。香港人，理所當然，都兜着和自己相關的利益問題，拚命地想這做那，只要有利潤，都容易解決。攝影展，只要主題正確、無政治立場，任何場地都可以依照規定申請，政府的場地、商業機構的場地，任君選擇。不同場地，當然要繳付不一樣的租金。宣傳，則只能依賴廣告——請大家告訴大家。

香港，畢竟經過幾十年亂世洗禮，不得不現實。香港，是絕對講求商機的地方。在香港，我嘗試舉辦過幾次野生動物和原始土著攝影展，意想不到，居然收到很大的迴響。兩年期間，一次接着一次，未曾間斷，但求默默耕耘。

臺灣，攝影熱度，長期處於壓抑狀態。無形的壓抑，來自保守的傳統師徒觀念。無形的壓抑，更來自攝影器材從不積極進口的鐵幕政策。身處臺灣，想要在攝影界有所突破，不但會被批判，大逆不道，而且難過上青天。

臺灣，最近兩年，卻有所改變，報禁開放，資訊疾速竄流，嶄頭露角的記者當中，不乏立志從事專業攝影的新新人類。攝影角度和題材改變了，長期處於壓抑狀態的臺灣攝影圈，彷彿爆開的燦爛煙火，一朵接一朵，一團跟一團，鬪麗爭艷，美不勝收。攝影，迅雷不及掩耳，百花齊放，百鳥齊鳴，光輝得不得了。臺灣人，開始認為從事攝影藝術，前途無量，遠景一片光明。本來就不多見的攝影藝廊，包括中正紀念堂、國父紀念館，展場居然被預訂至兩年以後，除非你有驚天動地的驚艷作品，才有機會在可以情商的情況之下，挪移少許時間供君使用，否則就像電影拍片新人試鏡，一個挨一個面試，遙遙無期，大家無奈地等待出頭日。

○○○

儘管自己在香港舉辦過幾次攝影展，儘管在香港默默耕耘獲得一些認同和鼓勵。在臺灣，我雷同新人試鏡一樣，排隊等候通知。要不是因為自己生長在臺灣，當時來香港一混就是二十八年，思鄉心切，想回臺舉辦攝影展，我還真不知道在臺灣舉辦一次攝影展，會有那麼高的困難度。原本可以和香港同步舉辦的蠻荒非洲攝影展，因而拖延，無可奈何，直到有一天。

有一天，我終於接獲通知，說是國父紀念館地下室翠亨廳，八月可以挪出一個檔期。以往，說是在國父紀念館舉辦展覽，那是一件多麼光宗耀祖的事情。但凡舉辦大型展覽，必以躋身國父紀念館為榮，參展者、參觀者，眾目昭彰。後來，臺灣開放了，百花齊放，百鳥齊鳴，跟不上潮流的國父紀念館再也引不起大家的關注。國父紀念館，淪為街坊晨運打太極拳、假日帶小朋友走動的地方，活動地點也只限於紀念館外面的大草坪。至於國父紀念館裡面，冷冷清清，陰陰暗暗，乏人問津，更無人走動。我在接獲得通知之後，猶豫不決，曾經兩次進出國父紀念館翠亨廳，卻舉步維艱。最後，我作出決定，決定放棄好不容易才爭取到的翠亨廳。儘管翠亨廳還是國父紀念館數一數二的展覽廳，場地寬濶，可以同時展示一百多幅作品。然而，翠亨廳場地老舊，燈光昏暗，無法突顯作品應有的精神和活力。畢竟，現代藝術不論是畫作還是攝影，最基本的條件就是需要大量光線，賜予作品靈魂和生命。翠亨廳，必須要有充足的照明設備，有明亮的光源，才能夠讓人看見層次分明，才能教人猶如走進圖畫，繼而有機會產生共鳴。欣賞展覽，產生不了共鳴，展者則不如不展，觀者則不如不觀。我決定放棄好不容易爭取到的翠亨廳，因為場地光線太不理想，讓人感覺天昏地暗。

進退維谷，投石問路，臺北市應該還有兩三家偏好舉辦攝影展的攝影藝廊。就在試探三越、崇光、誠品，正在不得其門而入的時候，我決定轉向，附上簡歷、錄影帶、資料相片，逕朝位於八德路的爵士攝影藝廊作毛遂自薦。爵士攝影藝廊很快就給了回覆，決定將十二月九日至十二月十八日挪移給我。蠻荒非洲攝影展延期幾近一年，終於敲定十二月九日至十二月十八日，於臺北爵士攝影藝廊正式展出。

○○○

兩年之間，籌備過不少攝影展，卻沒有一次比這回臺北的蠻荒非洲攝影展要來得重視。畢竟，在攝影藝廊展覽和在公眾場地展覽就是不一樣。攝影藝廊，講究攝影技巧，技巧包括氣氛、角度、運作、營造、主題，然而蠻荒非洲攝影展的作品，清一色則是蠻荒非洲哺乳類野生動物的寫實拍攝作品。

開幕之前的兩個星期，心神不寧，一邊準備參展作品、一邊暗自揣測究竟會有多少人接受我這個野獸一族的攝影作品。當天下午，我帶着三大箱作品，來到爵士攝影藝廊。不錯，就是自己一個人布置，然後貼上每一幅作品的中英文解說。驀地，我的感覺已經和兩個星期之前不同了。臺灣民生報，十二月一日，以頭版報導蠻荒非洲攝影展，賴素鈴寫了一篇精采的專訪，把我從心神不寧的深淵拽出來，標題是——蠻荒非洲獵影，孫啟元的探索跨出國人第一步。暢快滑溜的筆尖，呼之欲出的人物，賴素鈴以細膩生動的文句，瞬間即將我埋藏在心裡，整整悶了三年的所作所為，全都傾瀉而出，猶如滔滔巨浪，又彷彿江水倒灌，澎湃有力。蠻荒非洲攝影展，就是想要把我的所見所聞盡可能呈現，就是想要將非洲哺乳類野生動物的眼神和表情，帶到每一個人的眼前，務求每一個人都能夠由那些眼神和表情透視野生動物，由畫面產生共鳴。

○○○

十天展期，煙消霧散，瞬間即逝。有相聚，就有離別。

我由衷感謝爵士攝影藝廊，肯定非洲哺乳類野生動物追踪獵影，毫不猶豫挪出十天檔期，共襄盛舉。我感謝民生報，肯定保護野生動物，以清新版面，頭條新聞，支持我的所做所為。感謝TVB，張小燕姐留意到我的動向，在Window電視節目做專訪。感謝和我有同樣傻勁的陳建鄂，在TVIS和我關心野生動物。感謝中國廣播公司陳美枝大姐，臺北之音王偉忠兄，警察廣播電臺李燕……，都帶給我莫大的鼓勵。時報周刊、中國時報、聯合報、中央日報、自由時報、國語日報……，謝謝大家的詳盡報導和介紹。特別感謝自由中國紀事報The Free China Journal，以圖文並茂的英文報導，告訴外國人：「我們絕對也能做到！」爵士攝影藝廊楊小姐也告訴我：「每天都有好多人來看。」

忽地，精神抖擻，感覺自己真的有了使命感，我做到為野生動物講話的個人本分。事實上，經過這些年，覺得自己已經成為野生動物的一份子。保護野生動物，似乎也成為必須永遠揹負的責任。我，真正走上永無止境的不歸路。

○○○

翌年，一月二十日，我接獲陽明山國家公園蔡伯祿處長的正式公函：「素仰台端於坊間所辦蠻荒非洲攝影個展，佳評如潮，惜因檔期所限，至多方向隅。本處今擬以同等題材，敬邀台端於本處遊客中心舉辦個展。」

展出時間是二月十六日至四月十三日。幾近兩個月的展期，正逢陽明山國家公園上山賞櫻花季。我懷着無比興奮的心情，再度緊張地準備參展作品。這回除了一百多幅二十四吋乘三十六吋作品，還特別挑選十九張非洲景觀，放大五呎乘七呎的超大畫面，放置展場四周走廊。展覽名稱叫做非洲行爪 Jambo Africa。Jambo，東非土著言語，意指問候。看來，冥冥之中，我已經注定和野生動物打成一片了。

○○○

後記——

感謝陽明山國家公園蔡伯祿處長關愛，非洲行爪攝影展延展至六月底結束。展期長達四個多月。

進入繁殖期，黑領椋鳥 Black-Necked Starling，引頸高鳴，宣誓主權。

黑面琵鷺 Black-Faced Spoonbill，對其行踪卻缺乏考證。列為中國大陸國家二級保護動物。

黑面琵鷺 Black-Faced Spoonbill 天空飛翔猶如神箭齊放。快速行動是其至今依然得以存活的條件。

紅耳鵯 Crested Bulbul，清晨即已活躍蘆葦其間，又叫又跳，很開心。

棕背伯勞 Rufous-Backed Shrike，數量很少，人類虐殺族群已經銳減。

喜鵲 Magpie 春天成群出現米埔，身型高大，顯而易見，多成對活動。

白喉紅臀鵯 Red-Vented Bulbul 鳴叫響亮悅耳，清晨成群覓食。

白頭鵯 Chinese Bulbul 廣泛分佈顯而易見，繁殖力強而適應力高。

三月天，可以隨機應變，這塊地方成為黑面琵鷺最適合休憩的地方。

行。背後是后海灣紅樹林。

反嘴鷸 Avocet 逢漲潮一呼百應，低飛呼嘯而至，只要移動必群體結集而

你會好感動，因為香港有米埔

○○○

香港的雞，都被殺光了。一夕之間，血流成河。同時間，鴨和鵝，菜市場擺賣的各類飛禽，例如山鳩、斑鳩也都被殺光了。

無妄之災，寧殺錯、勿放過。駭人聽聞，毛骨悚然。我不由自主想起——

西元一九三七年十二月十三日，南京淪陷，日軍在南京和附近地區進行長達四十多天的南京大屠殺。

西元一九四七年二月二十八日，臺北市民罷市遊行請願，遭到內戰撤退臺灣的國民黨當局鎮壓，激起臺灣本地民眾的憤怒，爆發大規模武裝暴動，引起二二八事件。

西元一九三九年九月一日，第二次世界大戰，歐洲戰場正式開打，納粹德國針對猶太人種族清洗，總計六百萬猶太人被滅絕，號稱納粹大屠殺。

西元一九九八年，澳洲人在北澳洲欲控制原住民人口成長，秘密地將食物參入藥物，神不知、鬼不覺，令原住民無法生育。

原來，只要有利害衝突，彼此就會翻臉。論誰都是一樣，理由充足與否，皆然。

○○○

滅雞行動，源自一發不可收拾的致命禽流感。禽流感肆虐，令家禽無一倖免，全然殆盡。香港人，聞雞色變。香港報紙，經常會刊登未經查證、毫無根據的相關駭聞。一不做、二不休，大家議論紛紛，認定正在過境的避寒候鳥也是H5N1病毒帶原者。所幸，禽流感最終受到控制，否則米埔的魚塭、新界的濕地、靠近深圳河附近的后海灣，都得淋上汽油，燒它個精光。

○○○

西元一九八四年，世界自然基金會香港分會（ＷＷＦ），接手管理毗連后海灣的涇地和魚塭，將十五平方公里的未開發範圍，規劃成為井井有條的生態自然保護區，教育、調查、拓展、計劃，按步就班，逐一進行。世界自然基金會香港分會，於極短時間之內，已經讓圍繞其教育中心的二十多個長滿蘆葦、紅樹林的基圍揚名世界。但凡研究生態、鳥類、野生動物的各地專家學者，對於他們來說，米埔就是黃金樂園。米埔自然保護區的規劃和管理，後來更成為絕大多數國家爭相學習摹仿的典範。米埔，聞名世界，傲視各地。秋冬季，進入米埔自然保護區，就可以觀賞數以萬計的山雀水鳥逗留嬉戲。候鳥，每天往返於后海灣和基圍之間，彷彿參加猶如流水宴席的嘉年華會，普天同慶。

○○○

鳥，我認為是擁有最高自由度的動物，隨時隨地展翅高飛。鳥，活動範圍所以較其它動物廣泛。只要留意任何關於演化論的著作，無不圍繞着雀鳥喋喋不休。

鳥，就是因為得以任意飛翔，得天獨厚，能夠隨時飛向嶄新環境，適應生存。

鳥，原本同一屬種，卻可能因為各自飛向不一地形、叢林、食源、環境，進而發生演化，成為風格不一的亞種。依據數字統計，全世界現在已經發現、並且列入記錄的鳥類約一五六科、九〇四〇種，要比一五六科、五六七六種的哺乳類動物多出將近一倍。

中國大陸、臺灣、海南島，列入記錄的鳥類約八十一科、一一八六種，其中因為氣候變化而於秋冬由北向南飛至米埔、又或者是長期棲息香港，記錄在案的鳥類約四〇〇種，米埔自然保護區顯然地位重要，由此可見一斑。

春季的米埔，有些候鳥還會換上一身鮮艷的繁殖羽求偶，此時此刻，只要進入米埔範圍，就會被琳瑯滿目、而又眼花撩亂的雀鳥，深深吸引。有些鳥類的雌雄體型和羽飾又有明顯不同。加入觀鳥行列，就有機會被成千上萬婀娜多姿、色彩繽紛的雀鳥迷惑，比比皆是，處處驚艷。

〇
〇
〇

即使是香港人，一般對於米埔自然保護區的存在也是囫圇吞棗，不知其所以然。即使是香港人，對於酒樓或菜市場季節性販賣的基圍蝦，更是一知半解。

基圍蝦。廣東近海農地，為防禦水患而在周圍修築的堤圍，稱之基圍。在基圍內養殖的海蝦，稱之基圍蝦。米埔自然保護區，就有二十幾個排列整齊的基圍魚塭，依照潮水漲退，即會人為不定時開關基圍水閘，過濾水質，藉以飼養大小魚蝦，供應市場需求。基圍，順理成章，也為冬季避寒過境的北亞洲大陸候鳥，提供可口的美食。基圍豐富的魚蝦、以及后海灣退潮一望無際泥濘溼地的螺貝，就會令那些垂涎三尺、一批又一批的各種候鳥，定時出現，每每成為米埔基圍魚塭和后海灣泥灘的座上客。四〇〇種雀鳥，就在十五平方公里範圍內外的基圍和溼地，高低飛掠。米埔，就會成為避寒候鳥必訪的嘉年華會。候鳥，趨之若鶩。

米埔自然保護區，除了執意要留駐泥濘溼地，一味跟着潮水漲退而在海岸線前進後退的鵜鶘和海鷗，極大多數冬季避寒過境的候鳥，都會選擇在基圍周圍棲息或休憩，不約而同，避寒候鳥認為基圍就是屬於自己的專區，閒雜人等不會靠近，除了偶爾飛越巡視的鷹鵰、周圍遊走獵食的豹貓和麝香貓、河邊竄出來的水獺，才會造成大伙兒的瞬間騷動。一般來説，米埔基圍算是最安全、而且算是大致平靜的地方。

○○○

為求落實閒雜人等不准靠近，米埔自然保護區特別因為方便觀鳥而搭蓋觀鳥屋。

觀鳥屋，統統集中在一條參觀講解指定區域的專用步道附近，其中五間更矗立在面積最大的第十五號基圍周邊。觀鳥屋，外表當然漆成墨綠色調，旁邊偽裝着蘆草籬笆。想要走進觀鳥屋觀察候鳥百態，那就得要取道步徑接近，輕輕推開屋門，慢慢移步，就坐靠窗的長板凳，再悄悄打開木製窗洞，即可由狹窄的隙縫向外窺望，繼而對於可能經過停留休憩的鳥群進行全身打量。至於有沒有鳥群、又或者是鳥群會不會突然驚吓飛走，那就得看當時的機會和運氣了。成語有驚弓之鳥一説，雀鳥那種永遠讓人大感吃不消的警覺狀態，理當可想而知。

○○○

想要觀看比較不設防、而又氣勢磅礡的候鳥群，那就得要走到接近深圳河口、以及后海灣的泥濘爛地。

由於米埔基圍面海方向，全都架設通電的邊境鐵絲網，以防不時嘗試入境的外來偷渡客。想要前往泥濘爛地，只能通過第十二號基圍旁邊那扇朝八晚六才會開放的惟一鐵門，步上大概十分鐘路程的浮桶窄橋，走至浮橋盡頭，也就可以看見左右搭蓋了三座觀鳥屋。觀鳥屋，分別是公眾屋、觀鳥會會員專用屋。

請留意潮水時刻表，漲潮一點九公尺至二點一公尺，將會是倒灌海水剛好覆蓋泥濘爛地的時候，這也才是觀鳥的最佳時機。此時此刻，位處這三座矗立於泥濘爛地的觀鳥屋裡面，就可以觀賞數以萬計、一波接着一波、霎時飛上又落下的各種過境候鳥，魚貫列隊，呼嘯來回，距離之近，數量之多，難以形容，難以置信，難以接受，難以想像。萬翅拍動，喧天價響，令人絕然折服。

○○○

回想已往的三年裡面，我確確實實奔走十趟非洲，全然陶醉於蠻荒世界的圍繞和擁抱，樂不思蜀。我疲於奔命，渾然忘我，醉心拍攝記錄非洲哺乳類野生動物。

當時，儘管對於雀鳥完全沒有概念，卻因為屢次被幾近觸及的雀鳥所吸引。眼見雀鳥無不披掛鮮艷奪目的羽飾，披戴耀武揚威的頭冠，擡頭挺胸，雄赳氣昂，腳步穩健，環視八方，不由自主也就按動相機快門，猛地拍攝雀鳥而渾然不覺。回來之後，有感而發，寫過一篇「無心插柳」、接着忍不住又寫了一篇「無心插柳又一章」，意猶未盡，全然都在筆尖下。

埃里克·梁，就是那個時候，正當我處於記錄非洲哺乳類野生動物，徘徊於十字路口，不知道何去何從的時候，他出現了。

他忽地捎來一封信，除了表示對於雀鳥有濃厚興趣，也熱心地在信裡表示願意帶我到米埔走一回。於是我跟着埃里克·梁走進米埔。從此以後，我居然莫名其妙地來回米埔，拍攝過境候鳥，記錄棲息留鳥，一晃眼就是一兩年。我不僅被埃里克·梁的熱誠感動，我更為那片蠻荒溼地沼澤而感觸。我決定要用相機捕捉過境米埔的候鳥，林林種種，千嬌百態，從此廢寢忘食，繼而樂此不疲。

○○○

眼前的米埔，恍如仙境。高聳的蘆葦和紅樹林，分隔一塊又一塊的基圍魚塭。

我想起那年，身在非洲，總是聽人滔滔不絕談論博茨瓦納 Botswana 的奧卡萬戈三角洲 Okavango Delta，那大片但凡前進非洲就一定得去體驗的世外桃源，居然香港就有，而且就在眼前的米埔。

當我第一次走進米埔，臉上的表情已經不自覺地交錯着愕然、驚艷、喜悅、興奮。我羞愧自己過往的崇洋心理。我要修正自己的心態，並非外國的月亮比較圓。我決定參與米埔候鳥追踪記錄工作。我要盡應盡的本份。我要實際為香港野生動物保護出一份力量。

有了這種好得不得了的連串決定，就在和埃里克‧梁來到米埔的那一天開始，我情緒高漲，我積極計劃，我已經付諸行動，我早出晚歸而自強不息。

○○○

轉眼就是一年。構想和興奮，恍如昨日事。除了候鳥北飛回到北亞洲的整個夏天，只要天氣晴朗，我就會一再動身，不斷出現米埔基圍魚塭、深圳河口泥濘溼地。我經常夜半四點鐘起床，披星戴月，趕往現場，一天往返三次，畢竟公司每天都還有許多繁瑣的工作必須自己親自處理。

追踪記錄候鳥百態，令我樂此不疲，特別是以前對於雀鳥完全沒有概念，以至現在幾乎可以預測雀鳥的一舉一動。儘管自己極度辛勞，甚至走火入魔而孤僻成性，但是事後看見一張一張的底片，感覺油然而生，既滿足，又溫馨。滿足的是當初自己認為不可能做到的候鳥拍攝工作畢竟做到了。溫馨的是當初自己認為不可能接近的候鳥觀測工作究竟也做到了。

○○○

追踪記錄米埔候鳥，全然和雀鳥打成一片，我覺得自己已經不折不扣變成一名鳥人。回想一年以前，埃里克·梁那股誠懇和熱情，我決定將米埔景致、以及候鳥百態，公諸社會大眾。

我決定連續舉辦兩場攝影個展——三月二日至三月七日，選址香港北角太古坊大廳，定名「候鳥嘉年華會」。三月十六日至三月十九日，位於香港中環置地廣場，定名「飛越米埔」。我決心要將這些看起來天真愉悅的過境候鳥帶到大眾眼前，揭開過境香港候鳥的層層面紗。

我相信看過這兩次攝影展覽以後，肯定會有人感動，因為香港有米埔。

○○○

後記——

兩次展覽，人潮五萬。

鴴 Grey Plover。地面站着一群白腰杓鷸 Curlew。

整群飛舞的紅嘴鷗，中間夾帶一隻黑嘴鷗 Saunder's Gull、以及少量灰斑

型的度冬打扮。

紅嘴、紅腳，旗幟鮮明。清一色紅嘴鷗 Black-Headed Gull，都是一身典

跟着漲潮飛來覓食的紅嘴鷗，英文卻叫作 Black-Headed Gull。正高舉雙翼，準備起翔。

黃腳銀鷗 Yellow-Legged Gull，往往是退潮之後，於爛泥淺灘最後才撤離的一群海鳥。

十幾隻黃腳銀鷗裡面，居然夾帶一兩隻紅腳銀鷗Vega Gull，兩者體型相仿。

還沒來得及換裝繁殖羽的紅嘴鷗，三月中旬已經坐立不安，緊張兮兮，像是隨時起程北歸。

紅嘴鷗永遠搶在其它候鳥前面，隨着潮漲進駐爛泥濕地，並且永遠和白腰杓鷸 Curlew 共同進退，守望相助。

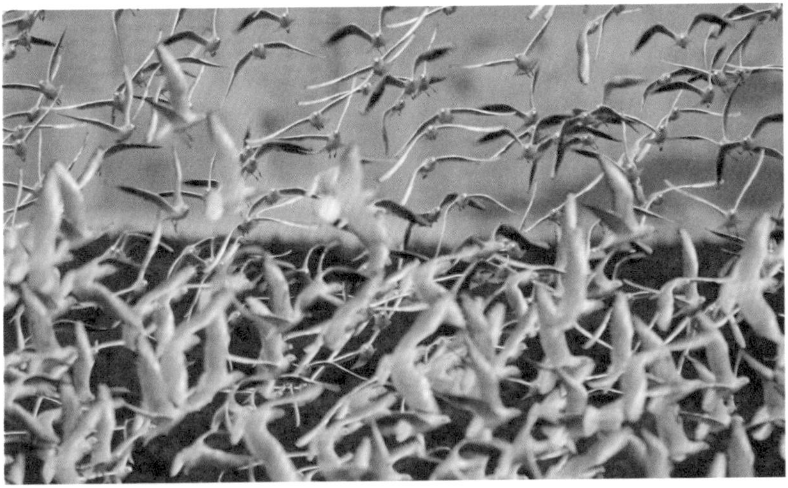

米埔的紅樹林青翠蒼綠，興旺茂盛，成為候鳥最佳避風天然屏障。紅嘴鷗後面的高樓背影也就是深圳。

逐漸傾向變裝繁殖羽的紅嘴鷗，喙和腳的顏色明顯加深，和白腰杓鷸依然形影不離。

準備降落的紅腳鷗並不孤單，漲潮的爛泥濕地已經站滿成群澤鷸 Marsh Sandpiper，後面是紅腳鷸 Redshank。

罕見的黑嘴鷗 Saunder′s Gull 也隨着漲潮，準備降落濕地。澤鷸和紅腳鷸早已占據有利位置，正在等待退潮一刻。

熱到最高點的話題，黑面琵鷺

○○○

一種鳥名，琵鷺。琵鷺，觀鳥人朗朗上口的一個名字。

琵鷺，一部份避寒定期飛往臺南曾文溪口，一部份避寒定期飛到香港米埔、深圳福田。那些滿臉烏黑、嘴呈飯瓢形狀的大鳥，就叫做琵鷺。基於烏黑的嘴臉，順理成章，也就被定名黑面琵鷺 Black-Faced Spoonbill。

黑面琵鷺，度冬避寒南飛的習性和絕大多數候鳥雷同。為了暫避北方嚴寒刺骨的颼颼冷風，每年九月至十月，就會成群遷徙，結隊南下。南下的地點，主要就在臺南曾文溪口，其次會在香港米埔和深圳福田，至於越南紅河口後來也成為黑面琵鷺第三個逗留地點。然而，多年以前駐足的海南島，卻因為人為濫墾、捕捉、溼地消失，已經再也沒有黑面琵鷺的蹤跡了。

○○○

從前，並沒有人點算過黑面琵鷺的族群，不知道黑面琵鷺究竟有多少。最近，觀鳥成風、野生動物保護受到重視、展開臺港連線統計作業，黑面琵鷺的數量才逐漸為人所知，包括度冬避寒南飛臺南曾文溪口約三百六十隻、香港米埔和深圳福田約一百隻、越南紅河口約六十隻，總數在六百隻以內。

黑面琵鷺，開始被提出來討論。黑面琵鷺，正式確認是亞洲瀕臨絕種的鳥種。

度冬避寒南飛逗留的黑面琵鷺，翌年二月至三月，即會更換繁殖羽，裝飾鵝黃顏色的冠羽和胸羽，並於春夏期間，北歸祖居地。至於是否一路北上八千里路雲和月，直抵老家、又或者是中途停留他地，不得而知。但是，依據籠統觀察，鄱陽湖似乎有黑面琵鷺踪跡，是不是來回南北暫作休息，相信只有依賴日後的調查資料，才能略知一二。畢竟，黑面琵鷺普查，尚處萌芽階段，除了南遷避寒開始有較為完整的追踪報告，北歸的繁殖期依然一片空白。

○○○

觀鳥，肯定是一項挑戰。不但要分辨來來往往的各種雀鳥，還得要留意雌雄分別和季節區別，眼花撩亂的體型和羽飾，經常令人迷茫愕然。鳥，也就在渾然不知的情況之下，被區分為候鳥、留鳥、以及偶爾才會見到的迷鳥。

日本，據說也有個位數字的黑面琵鷺被人發現，記錄在案。至於少到個位數字的黑面琵鷺，究竟會是迷鳥、又還是斥候，就連日本觀鳥專家也感到莫名興奮。去年，逐漸步入正軌的黑面琵鷺亞洲區追踪行動，就是由這些莫名興奮的日本觀鳥專家負責整合。

○○○

黑面琵鷺，確實被編列在中國野鳥圖鑑裡面。

黑面琵鷺，因為避寒南飛停留臺灣和香港，名正言順，已經成為九〇四〇種中國雀鳥其中的一份子。黑面琵鷺，翌年三月北歸祖居地，築巢繁殖，然而其生育的地方卻可能不在中國境內。直至目前，對於黑面琵鷺繁殖作息的實際地點，並沒有全面資料，能夠得到的消息，也只限於含糊其辭，表示北韓境內的小島曾經發現繁殖鳥，數量也都在十位數字之內，來源片面。

一年裡面，就有半年幾乎完全沒有黑面琵鷺的踪跡可尋。一年裡面，只能在十月之後，由黑面琵鷺避寒南飛的逗留數量，估計這種瀕臨絕種的神秘大鳥是否有增減。無論是臺南曾文溪口、還是香港米埔，黑面琵鷺的保護行動正在全力以赴，彼此都希望能夠由計算當中，發現黑面琵鷺的數量有增無減。對於避寒南飛逗留的黑面琵鷺保護，始終期盼產生效應。每年冬季點算，指出黑面琵鷺都有進度緩慢的增加趨勢，可喜的消息只能表示後段保護是有效果，但並不代表黑面琵鷺從此可以由瀕臨絕種名單的深淵被剔除。

○○○

黑面琵鷺，身長和身高，都在七十公分至九十公分之間，擁有一對修長發亮的長腿，活像套上長筒軍靴的兩隻腳。黑面琵鷺的長腿，不僅僅是用來支撐看起來頗為臃腫的軀幹，還得負責在爛泥沼澤像是曲棍球員似地機靈奔走，追踪魚蝦，捕撈果腹。配合機靈奔走的長腿，急於左右擺動兜食的那張足足有一半身長、有如飯瓢的扁平大嘴，更是黑面琵鷺的專利象徵。從修長而又箭步如飛的長腿和在水裡不停搜索覓食的飯瓢，不難想像黑面琵鷺捕撈魚蝦是多麼辛苦。所以，黑面琵鷺喜歡棲息溼地沼澤，最重要的條件，就是附近必需有魚塘。因為，只有在人工養育的魚塘，黑面琵鷺才有機會不勞而獲，得以捕捉較大型魚蝦。

黑面琵鷺，可以在一次捕撈行動，囫圇吞食幾條各重一斤的大魚。就是因為經常進出人工魚塘，黑面琵鷺晝伏夜出，多選擇黃昏，於天色漸暗開始行動。白天，除了因為潮水高低變換而依勢移動，黑面琵鷺長時間呈休息或睡眠狀態，至多僅作理羽、玩耍、洗滌等短暫活動，極少四處遊蕩。

○○○

為適應不同環境，琵鷺也會因地理環境而有所演變，雷同人種。

人種，非洲有黑人，美洲有白人，亞洲出現黃種人。

人種，因為地域、氣候差異，膚色各異，毛髮曲直不一，就連鼻樑高低、鼻孔大小，也有極大差別。

琵鷺，亦然。

琵鷺，美洲琵鷺全身呈粉紅顏色，頭顱像兀鷹而佈滿綠色皺皮，稱之粉紅琵鷺 Roseate Spoonbill。

活動於歐亞地區的白琵鷺，英文稱為 European Spoonbill，頭部和臉部裹以白色絨毛。

活動於非洲，又有紅臉琵鷺。

活動於澳洲的琵鷺，則以褐臉、褐嘴，粉墨登場。

不同地域的琵鷺，令人莞爾，讓人目瞪口呆，令人嘖嘖稱奇。

○○○

黑面琵鷺，琵鷺演變當中的一支鳥種。黑面琵鷺，避寒南遷的數量不多。黑面琵鷺，南遷逗留期間，卻見環繞黑面琵鷺、形如警衛的蒼鷺和大白鷺，無處不在，似乎都對黑面琵鷺鮮見的尊容，覺得儼若帝王，無不俯首稱臣。幾乎黑面琵鷺活動的場合，必有蒼鷺和大白鷺服侍左右，任何風吹草動，必率先驚叫，猛拉警報。霎時，君僕齊飛，雞飛狗走，爭相四散，無影無蹤，搭配天衣無縫，絕非筆墨可以形容。

就是因為黑面琵鷺威風凜凜，素有王者之風，南下北上的黑面琵鷺，往往就會夾帶一些莫須有的迷鳥，特別是經常在黑面琵鷺群裡面所看見的白琵鷺。混雜其間的白琵鷺，究竟是變種、還是迷鳥，那又是另外的話題。倒是黑面琵鷺群，偶爾也參雜罕見的黑頭白䴉。避寒南下，像是這樣的隊伍，確實並不多見。畢竟，黑頭白䴉繁殖地區和黑面琵鷺的北方祖居地，確實相隔着一段不短的距離。姑且稱之混雜其間的黑頭白䴉是迷鳥。除了瘦小皺皮的黑色頭顱，黑頭白䴉確實是有雷同黑面琵鷺的臃腫身形。大概是沒有鏡面顧影自憐、又或者是互相比對，相等的身形大概已經算得上是彼此可以接受的印記了，何況黑頭白䴉彎如月牙的尖喙，進食方法和食源選擇，顯然和黑面琵鷺不同，兩者爭奪覓食，幾乎永遠不可能發生。黑面琵鷺和黑頭白䴉，自然可以相安無事，唇齒相依。

○○○

琵鷺，一般的記錄資料指出：琵鷺，依沼澤溼地築巢，有以蘆葦、樹枝、雜草築構者，也有撿拾枯枝，墊以草葉，高居樹梢者。

避寒南飛逗留的黑面琵鷺，卻都沒有築巢的觀念，也從來沒有見過任何相關的觀察報告。倒是提及黑面琵鷺，總會有人說起黑面琵鷺爭奪樹枝、又或者是爭相拔草的偶遇，類似的舉動可能就是帶有築巢衝動的本能表現。至於為什麼避寒南飛，逗留臺灣和香港，長達半年的黑面琵鷺都不肯築巢，更看不見任何繁殖行為。除了墨守成規，按本子辦事的天性支配，黑面琵鷺應該有絕對的團隊精神和嚴格的紀律意識，只要環境不發生變化，活動就彷如依照一成不變的作息時間表，按部就班，毫無新意可言。

○○○

黑面琵鷺，大家的心裡都清楚，很快地，半年就要過去了。黑面琵鷺，再次點綴鵝黃色的美麗羽飾，準備北歸求偶繁殖了。黑面琵鷺，為了增加北歸返鄉的大量體能，開始忙碌覓食進補。原本天色昏暗以後才會出現的掃獵行動，現在哪怕是烈日當空，經常可見。

不知道就在哪一天，黑面琵鷺又要啟程北歸祖居地。年復一年，似乎又到要說珍重再見的時候了。今年，北歸祖居地的黑面琵鷺，又會有哪幾隻會揹着追踪發報器隨隊飛翔，只能由衷地祝福了。明年，也只能夠期待黑面琵鷺會帶來更多的新臉孔、以及新家眷。

黑面琵鷺們，要知道臺灣和香港的自然保護區，會永遠等着你們回來呀。

北歸。

三月天，黑面琵鷺白天也四處出動，盡量把握時間覓食補身，準備隨時

無影無踪。

豔陽高照，黑面琵鷺決定更換較為陰涼的休憩地點，集體振翅高飛，瞬間

準備北飛歸巢，換裝一襲美麗繁殖羽的成年黑面琵鷺 Black-Faced Spoonbill，正等待大伙起翔訊號。

黑頭白䴉 White Ibis，真是稀客，還是夾在黑面琵鷺裡面才會於度冬出現米埔的迷鳥。

少許風吹草動，都會令黑面琵鷺提高警覺，集體躍飛，繼而揚長而去。

避寒出現米埔的黑面琵鷺，離不開基圍魚塭，偶爾才於漲潮出現后海灣。

黑面琵鷺飛行姿能優美，除了短程覓食，遷徙均以人字形編隊前進。

即將北歸的黑面琵鷺四處覓食，漲潮之後的爛泥淺灘也是必來之地。

黑面琵鷺必在落地之後，靜觀周圍環境，確定安全之後方才開始聚精會神覓食。

黑面琵鷺 Black-Faced Spoonbill 決定更換作息地點，似有默契，依次飛離，一隻不留。

黑面琵鷺休息小睡，蒼鷺 Grey Heron 極為樂意且盡忠職守在旁戒備。

背後矇矓可見的大白鷺 Great Egret 發出警訊，黑面琵鷺無不擡頭警戒。

黎明時刻，黑面琵鷺來到水位降低的魚塭，夾在大、小白鷺其間覓食。

黑面琵鷺專心一志在覓食，蒼鷺 Grey Heron 侍候左右負責警戒。

黑面琵鷺於樹梢玩耍，一旁警戒的蒼鷺Grey Heron不敢怠慢，神情嚴肅。

黑面琵鷺於漲潮的爛泥淺灘，圍成半圓形休息，兩腳着地毫不鬆懈。

默默耕耘，另類展覽會之畫

〇〇〇

我喜歡在自己的攝影展和觀眾接觸。和陌生人接觸，可以聆聽一些以前自己不曾聽過的話題。不經心的問答，還可能敲開自己長久閉塞的心扉。

對話，可能會讓自己驚愕，可能會令自己感動，甚至還可能會讓自己捫心自問、自我檢討、得以繼續學習和進步。

〇〇〇

三月天，我籌辦兩場攝影展，都是和過境候鳥有關係的攝影展。選擇三月天，又在同一個月份展示作品，感覺非常吃力，但是卻是我廢寢忘食拍攝雀鳥的最大心願。

三月天，正是避寒逗留的候鳥開始北歸祖居地的時候，可以趁此整理過境候鳥資料，建檔儲存，選出來的照片還可以舉辦攝影展，藉勢陳列在緊張的商業社會、但凡正在忙碌不堪的人群必經之地，讓路過會場形形色色的行人頓足驚艷，藉以提示但凡停留觀賞、又或者是根本抽不出丁點時間觀看的朋友，不要忘記所幸現在周圍還可以摸得到的那一丁點青蒼翠綠、以及那一小塊被劃定自然保護區的米埔；不要忽略所幸目前還沒有完全絕滅的野生動物，包括那一群又一群避寒過境的各種候鳥。

○　○　○

三月天，兩場和過境候鳥有關的攝影展，都敲定在香港本島舉辦。三月二日至七日，在鰂魚涌地鐵站附近的太古坊一樓大廳。三月十六日至十九日，在中環地鐵站上面的置地廣場二樓空中走廊。兩個地點，也都是白領上班族流量最大的必經之地。兩個地點，也都有六萬人次通過的每日紀錄。選擇在商業中心舉辦鳥展，因為我認為香港人分秒必爭，在大家心有餘而力不足而無法全心全意進入生態藝術境界的同時，能夠令參觀者踴躍、參與者眾多的最佳辦法，就是把作品搬到人群面前，主動接觸群眾，讓有心人只要駐足，即可全神貫注體驗大自然。欣賞藝術境界的過境候鳥，當然得要有足夠吸引人群立時頓足欣賞的驚艷畫面，而且還得要在會場佈置雀鳥悅耳啼唱的音響設備，兼收身歷其境的立體聲效果。兩個場地都是租借取用，價格並不便宜。

太古坊一樓大廳，面積不小，可以展示八十幅作品。置地廣場二樓空中走廊，基於空間限制，只能展出三十幅作品。

〇　〇　〇

三月天，鳥展。

鳥展，和以往自己的任何攝影展雷同，作品一律由一三五底片放大，製作成為長度九十一點四公分、寬度六十點九公分的超大畫面。因為尺寸較大，展示數量受到侷限。即使如此，想要篩選一百多幅的生動飛鳥，確實不容易。選底片，放照片，工作由一月中旬開始默默進行。跨過二月農曆年，攝影展的開幕酒會儀式、請柬、簡介，也都準備就緒。當天的宣傳廣告，選擇刊登全版蘋果日報、半版南華早報。除了要組織這麼多的宣傳文案，還得要撰寫作品標題和候鳥生態介紹。艱巨的工作不僅於此，我還必須自行商談贊助事宜。畢竟，兩個幾乎同步進行的鳥展，至少需要港幣三十萬元開銷。

「候鳥嘉年華會」，這是我第一個想到的攝影展名稱。名正言順，成為太古坊鳥展專用稱呼。攝影展由日航、佳能、柯達、羅敦司得，共同贊助，順利展出。「飛越米埔」，這是我第二個想到的名稱。順理成章，成為置地廣場鳥展的展稱。攝影展由佳能、全日空、賓德、瑪米亞，共同贊助，圓滿展出。

在這裡，我要特別向以上贊助公司致謝——沒有你們的贊助，也就沒有過境候鳥攝影展；沒有過境候鳥攝影展，也就少了兩次自然生態保育和野生動物保護媒介。

至於自己，早已走上宣傳自然生態保育和野生動物保護的遙遠之路。我決定終身為自然生態和野生動物講話。

○○○

追踪研究飛越天空的雀鳥，確實要比追踪研究行動於地面的哺乳類野生動物困難得多。

追踪行動於地面的哺乳類野生動物，能夠從清早跟踪至夜晚，甚至可以在夜半隨行，跟着動物由甲地到乙地，再從乙地到丙地。即使荒蠻山林，也能藉着發報頸圈，洞悉其出沒之地。可以維持兩年發報工作的電池，在耗盡電量之前，還可以捕捉更換。飛越天空的雀鳥不然，雀鳥天生警覺，雀鳥本能就比走獸機警。往往就在根本還不知道會遇見一些什麼鳥，鳥已經一呼百應，逃之夭夭，飛得無影無踪。一飛了之的雀鳥，往往令人氣餒，簡直無從入手。如果是候鳥，更是無法預測，不知不覺，已經北歸祖居地，而你只能呆立原地，胡思亂想，憑空猜測候鳥種種。

世界上有太多太多的雀鳥，數不勝數，至今我們也只能概知略懂。只有雀鳥，每年都會有新屬種發現。直至現在，我們甚至都還不知道，究竟又有多少屬種還沒有被發現。

○○○

一年以前，當我開始拍攝雀鳥，當我踏進米埔的第一步，我已經知道追踪飛越天空的雀鳥會有多麼困難。每一天，自己都陷於徬徨和苦惱。

前進非洲，三年時間，哺乳類野生動物拍攝的實際經驗，全都派不上用場。面對米埔處處可見的蘆葦和紅樹林，高頭大馬，我幾乎無技可施。一個月的摸索和思考，我決定從頭來起。首先，我要捕捉雀鳥神態，哪怕只是最常見的候鳥，甚至是留鳥。不斷屏息以待，不停專心拍攝，所見所聞，幾乎都是平凡得不能再平凡的白鷺和池鷺，我卻絲毫沒有悔意，滿心知足，因為我終於捕捉到白鷺和池鷺的一舉一動，也許還留住了白鷺和池鷺的一顰一笑。

白鷺種類何其多，包括已經演變成為留鳥的小白鷺和牛背鷺、以及依然北歸南飛的中白鷺、大白鷺。白鷺，覆蓋着整個米埔和周圍樹叢。喜歡一動也不動，緊盯水面，伺機啄食魚蝦的池鷺，也如同獨行俠，各自為政，各據一隅。

就是不斷觀察白鷺和池鷺，我學會和雀鳥接觸。一月份，挑選底片，準備放大作品的時候，我發現自己已經和超過五十種過境米埔的候鳥結緣，雖然比起一年四○○種候鳥過境的記錄顯然微不足道，內心的感覺卻是溫馨而又滿足。

米埔，終於成為雀鳥和我的一個不分彼此、看來如同人和鳥正在交換訊息資料的大家庭，氣氛融洽，很協調。

○　○　○

三月天，兩場攝影展亮相的雀鳥逐一登場——小鸊鷉、鸕鶿、卷羽鵜鶘、蒼鷺、池鷺、牛背鷺、小白鷺、中白鷺、大白鷺、白琵鷺、黑面琵鷺、黑頭白䴉、翹鼻麻鴨、綠頭鴨、斑嘴鴨、針尾鴨、赤頸鴨、綠翅鴨，白眉鴨、烏鵰、普通鵟、灰面鵟、紅隼、鷓鴣、白骨頂、黑水雞、反嘴鷸，黑翅長腳鷸、灰斑鴴、鐵嘴沙鴴、扇尾沙錐、澤鷸、紅胸濱鷸、磯鷸、黑尾塍鷸、白腰杓鷸、中杓鷸、青腳鷸、紅腳鷸、鶴鷸、彎嘴濱鷸、紅嘴鷗、紅腳銀鷗、黃腳銀鷗、紅嘴巨鷗、珠頸斑鳩、藍翡翠、白胸翡翠、普通翠鳥、鵲鴝、黑領椋鳥、白喉紅臀鵯，紅耳鵯、棕背伯勞、八哥、喜鵲、白頭鵯。

雖然沒有什麼特別稀有罕見的雀鳥，我已經欣喜若狂，畢竟一年的摸索，由起碼的小白鷺開始，已經認識多達幾十個鳥種。最重要的是多為避寒過境的候鳥，都是選擇在米埔逗留的候鳥。我決定舉辦這兩場和過境候鳥有關的攝影展，我必須要盡可能地將這個重要的訊息趕快告訴大家。

○○○

三月天，過得特別快。兩場和過境候鳥有關的攝影展，如同花開花謝，眨眼即逝。我一反往常不在會場出現的習慣，長駐會場，只有一個原因，就是自己想要從早至晚駐足人群，求證作品搬至群眾面前是否收效。何況，我認為這一群又一群的飛鳥畫面是屬於大家，屬於盡心盡力保護野生動物和保護自然環境的每一個人。我，只是一個媒介。我，只是一座人和鳥之間的橋樑。

長度九十一點四公分、寬度六十點九公分的超大畫面，一幅一幅，陳列在看板陣容，彷彿復活島矗立的巨石群像。周圍擺滿朋友為我打氣加油送來的花籃。預先布置的音響器材，正在愉悅地播放特別選錄的鳥啾雀啼。會場，一片鳥語花香。畫面的雀鳥，正在注視每一個來往的行人，很傳神。

就像魔術師以熟練的手法，表演着精采的魔術。兩場和過境候鳥有關的攝影展，吸引數以萬計原本匆忙走過、卻又改變初衷，融進雀鳥世界的人群。原來，香港還真的有這麼多人會被鳥迷惑，會為鳥動容。很多人就是因為接觸畫面鳥群傳神的目光，久久不去，樂於置身在忘我的鳥語花香之間。我激動地來回於駐足觀賞雀鳥的人群裡面，派發早已準備好的宣傳文宣。文宣刊印這樣兩篇文章——「你會好驕傲，因為香港有米埔」、「熱到最高點的話題，黑面琵鷺」。我正在把這麼重要的訊息，儘快地告訴大家。

○○○

兩場和過境候鳥有關的攝影展，引起香港電臺電視部、鳳凰電視的注意。畢竟，野生動物生態攝影，確實能夠喚醒大眾對於自然環境保育和野生動物保護的認知。採訪組專程到會場悉心錄攝每一個細節，包括我個人攝影使用的偽裝帳幕和長焦距鏡頭相機。大家不約而同提出雷同的問題，問我哪些作品最具代表性。

其實，過境候鳥種類何其多，每一種候鳥都有屬於自己的特徵和行為。相異的候鳥，會聚集在不同的地方，除了偶爾例外，很難在一個定點觀察到多種候鳥聚集互動。

鳥，因為潮汐漲退、或遠或近、起飛降落、休息理羽、洗滌覓食，總是重複着類似動作。

鳥，不應該強調其中的明星物種作刻意宣傳。畢竟，每一個物種，都有其生存的權利，也都有被保護的必要。

○○○

攝影展，儘管缺乏罕見候鳥，披掛彩衣的雀鳥，卻生動地飛舞於人潮眼界。幾近炫耀的飾羽，令三月天攝影展充滿驚艷。

題名「囫圇吞棗」的黑面琵鷺、題名「天鵝湖」的黑頭白鸛、題名「金雞獨立」的斑嘴鴨、題名「冷呀」的藍翡翠、題名「爭權鬥勢」的蒼鷺、題名「站衛兵」的池鷺、題名「起呀起」的鸕鶿、題名「嘉年華」的紅嘴鷗，題名「比劍」的卷羽鵜鶘、題名「飛越米埔」的反嘴鷸。一張一張，都是平凡的雀鳥，卻展示着讓我自己也覺得沾沾自喜、而又印象深刻的動人畫面。

○○○

兩場攝影展覽，果然像是花謝花飛飛滿天，怒放凋零，轉眼即逝。

候鳥畫面，已經逐一拆除，包裝封存。太古坊一樓大廳和置地廣場空中走廊，依然人來人往，如同過江之鯽，擠得水洩不通。我看見那些不知道究竟在忙些什麼的奔走人群，臉上正都帶着微笑，或者就是因為浸淫過方才閉幕的候鳥畫面，不是嗎？我作如是想。

展覽結束，我仍舊徘徊在曾經布置成為會場的大廳和走廊，凝視人群臉上掛着的微笑，彷佛四周依然鳥語花香。想起點算過足足有兩萬人頓足觀賞候鳥畫面，我肯定自己的所作所為。

擡頭仰望三月天灰暗陰沉的天空，毛毛細雨正催促候鳥北飛歸巢。我也得疾疾奔回工作室，繼續挑選作品，沖洗放大，畢竟四月十七日舉辦的「觀鳥大賽」又要在米埔自然保護區正式開鑼了，這是另一個和過境候鳥相關的攝影展，將要在米埔教育中心展示。這次和過境候鳥有關的攝影展，我決定命名「黑面舞者」，就以瀕臨絕種的黑面琵鷺作為展覽的主題。想着，想着，自己的嘴角流露愜意的微笑。

○○○

工作室窗臺，擱置的鋪蓋灰塵的迷你音響組合，正播放着低沉而嚴肅的協奏曲。

不錯，那正是穆索斯基Mussorgsky的「展覽會之畫」Pictures at an Exhibition。

嚴肅的樂音，正繞繚着整個房間。

題名站衛兵的池鷺 Chinese Pond Heron，於非繁殖期的褐色裝扮。

十九隻可謂奇蹟。

題名比劍的卷羽鵜鶘瀕臨絕種，度冬數量越來越少，這次聚集米埔多達

Sacred Ibis 同種，這次只出現一隻。

題名天鵝湖的黑頭白䴉 White Ibis，又稱 Black-Headed Ibis，據說和聖䴉

題名舞台的小白鷺 Little Egret 是留鳥，一般單獨或三兩各別行動。

題名爭權鬥勢的蒼鷺 Grey Heron，警戒性強，偶爾彼此也會發生爭執。

題名顧影自憐的黑翅長腳鷸 Black-Winged Stilt，俗稱高蹺鴴。

題名艦隊的針尾鴨 Pintail 是度冬數量最多的鴨種，多成群結隊。

題名貪得無厭的大白鷺 Great Egret，吞食的大魚卡在脖子中間。

題名排排坐吃果果的黑尾塍鷸 Black-Tailed Godwit，經常可見。前面隱約可見紅腳鷸 Red Shank，後面是反嘴鷸 Avocet。

不明狀況則會驚慌四散逃竄。

題名起呀起的鸕鶿 Cormorant 成群活動，經常以人字形飛越天空，如遇

長而前端偏黑，度冬米埔數量不少。

題名整裝待發的鶴鷸 Spotted Redshank，較紅腳鷸 Redshank 略高，喙

非常忙碌。混雜的應該是灰斑鴴 Grey Plover。

題名嘉年華的紅嘴鷗 Black-Headed Gull，緊隨潮水漲退趁機移動覓食，

澤鷸 Marsh Sandpiper，混雜彎嘴濱鷸 Curlew Sandpiper，後面是鶴鷸。

牛背鷺 Cattle Egret，正啄食腐魚。四月天，一身鮮艷繁殖羽打扮。

天機，禁區裡的神秘任務

○○○

這個冬季，米埔基圍有不少工程正在進行，特別是二十號和比鄰而立的二十四號淡水魚塭。

基圍魚塭，一早就把水放個精光，正藉着機械工程車的怪手，一耙一耙，將池底的爛泥翻開，在曝晒。這種讓爛泥重見天日、接觸陽光的人工處理過程，就是要讓魚塘死裡翻生，確保魚塭在日後不會垢藏太多的窒命毒素。有了氧份循環，魚蝦得以生存，候鳥樂於駐足棲息，米埔因之生生不息。

這個冬季，除了整頓這片範圍不小的兩個基圍魚塭，還得忙着觀察候鳥摘食花葉果實的種類，繼續種植相關果樹，但求迎合避寒來訪的各類候鳥。看來，冬季的米埔可真忙碌。這些積極欲容納更多候鳥的行動，還不包括日常調節基圍水量、維修設備、造橋鋪路、測試水質、計算過境候鳥數量，例行工作在內。

米埔自然保護區，這個冬季，有着做不完的事情，疲於奔命，忙碌不堪，卻有充分使命感。

○ ○ ○

過完農曆年，眨眼之間，已經二月底。

這一天，米埔的氣氛特別緊張，甚至一段觀鳥必須經過的行人步道也刻意用尼龍繩攔住。繩上黏着一張白紙：「禁止通行」。偶爾，還能看見工作人員騎着自行車來回巡視，生怕真的會有人越過圍繩，闖入禁區。

看來，應該有一項既重要、且神秘的任務，正在禁區裡執行。而且，還得要在二月底之前完成。

○○○

行人步道旁邊的十三號基圍魚塭撒下魚網，恍如天羅地網。水閘也趁當天退潮時刻，悄悄打開閘門。基圍魚塭，水位迅速下降。幾乎裸露背脊的魚蝦，驚惶失措，就在淺水爛泥活蹦亂跳。受到魚蝦蹦跳的頻率感應？還是新鮮的魚腥飄香？遠在五百公尺以外休憩的黑面琵鷺，忽地個個精神抖擻，相互張望，面露得意之色。驀地拍翼展翅，全體出動。即使黃昏時刻，已經成群飛進十三號基圍，進駐魚塭，不顧一切着搜索吞食眼見珍饈。

就是這樣。這一天晚上，既重要且神秘的任務，已經達成大半——網到五隻警惕性不高的黑面琵鷺。

第二天，食髓知味的黑面琵鷺不顧一切又來了。這一天，網到八隻黑面琵鷺。

○○○

兩天時間，既重要、又神秘的任務圓滿達成了。

十三號基圍魚塭，天羅地網拆除了。基圍裡面的海水，也藉潮水回灌已經漲滿了。行人步道，不再圍封，一如往常，恢復正常。惟一感覺不同，大概就是依然逗留米埔的黑面琵鷺，還要不斷加強進補，增進體力，準備北飛歸去了。

滿臉狐疑表情的黑面琵鷺，不時你看着我、我看着你。百思不解，就是感覺不一樣。畢竟不同了，因為其中就有十三隻黑面琵鷺，修長發亮的長腿，都扣戴着不同顏色的金屬環。其中，還有三隻黑面琵鷺，背上還得揹着一個像是背包的金屬發報器。發報器頂端，更有一根修長得幾乎與琵鷺身高相等的搖晃天線。

天啊！十三隻黑面琵鷺，被迫安裝追踪器和識別腳環，瞬間成為同群異類，被排擠，被恥笑。十三隻黑面琵鷺，被迫光榮地付以重任，追踪黑面琵鷺北飛歸巢路線的行動，即將開始了。

黑面琵鷺，不僅有包公那種令人覺得頗為正氣的黑臉，還有那副敦厚老實的臉龐、以及那張像飯瓢似的大嘴，因此讓人完全接受。世界上有多少瀕臨絕種、又或者是已經絕種的動物，就是因為長相不討喜而遭人類忽略，無法即時施以援手，因而全軍覆沒。黑面琵鷺，就有一張討人憐愛的嘴臉，奈何科技和經費不足，常年以來，臺灣和香港的愛鳥人仕，也都僅能片面關愛黑面琵鷺，對於避寒光臨的黑面琵鷺，也只限於噓寒問暖。

黑面琵鷺，一旦四月北飛歸去，人鳥之間只能互道珍重，祝君平安，除了相約後會有期，人根本無技可施，人也無從入手。

○　○　○

日本人，對於雀鳥偏愛程度，媲美熱愛大熊貓。

日本，東京野鳥協會，一向研究丹頂鶴、朱鷺，揚名世界。東京野鳥協會，最近對於驀然降落日本的兩隻黑面琵鷺，產生無比興趣，主動邀請臺灣、香港、韓國、中國大陸相關協會，進行黑面琵鷺研討會，會議重點當然是放在北飛歸巢追踪方法。

日本人，提供的計劃顯然經過周密考慮，態度嚴肅，布局謹慎。首先，建議在臺灣和香港兩地，各捉六隻黑面琵鷺，其中再挑選較為精壯的三隻琵鷺負責揹負衛星發報器。當然，各地的六隻黑面琵鷺都必須雙腳扣戴識別用顏色金屬環。為了方便在較遠距離就能夠以肉眼觀察，扣戴的識別用顏色金屬環必須長達三公分。左右不同顏色的金屬扣環，讓被扣戴的黑面琵鷺一下子全都像是穿着五分褲的沙灘男孩Beach Boy。安裝在黑面琵鷺背上的這些體積不小、但卻體重輕盈的方型發報器，則交由美國衛星負責追踪監控。日本野鳥協會，會負責向美國衛星公司購買追踪記錄，包括黑面琵鷺歸巢路線、中途滯留地點，進行研究。至於沒有分担開銷的臺、港、中、韓方面，就只能從日本野鳥協會上網公布的相關訊息，分享成果。

本來就束手無策的臺灣和香港，當然樂於配合，起碼可以由日本野鳥協會上網公布的資料，一窺黑面琵鷺北飛歸去的路線和方向。四月至九月，這段無人知曉的秘密，從此有機會解讀。日後保育黑面琵鷺的工作，可能得以連線和突破。國際合作，事半功倍。瀕臨絕種邊緣的黑面琵鷺，可能得以日漸茁壯。日後再觀賞到這種惹人憐愛的黑臉扁嘴琵鷺，才不至於像現在這般，無技可施，只能眼巴巴着人鳥相約後會有期了。

○○○

日本人，前來臺灣參與捕捉黑面琵鷺捉放過程，就和事前開會決定流程一致，希望捕捉六隻，當中再挑選三隻揹負發報器。

今年南飛臺南曾文溪口的黑面琵鷺，創下數量新紀錄，總計約三百多隻。但是想要在空曠溪口隨心所欲捕捉，卻又談何容易。何況，介於溪口的大小魚塭，都是私人擁有，甫一開始行動就感覺非常棘手。七嘴八舌，結果決定採用繩套捉拿法。綁好的繩套，想要繫捕黑面琵鷺，就得要讓牠一腳踩個正着才有機會，一不小心，還會扭傷那隻骨瘦如柴的纖纖細腿。風險必然存在，卻好過一籌莫展。

○○○

這一天，臺南曾文溪口，氣氛特別緊張。

一個特別由東京趕來的野鳥協會人員、六七個負責安裝發報器的日本放送工作人員、一大堆參與計劃的本地教授和助手，大家聚集一堂，盤算如何在三百多隻黑面琵鷺裡面套牢六隻黑面琵鷺，還有就是究竟應該打多少個繩結。是次行動要比香港提早十幾天。

第一天，勉強捕獲一隻黑面琵鷺。套上黑布頭罩，迅速量度身長與體重，安裝發報器，扣上金屬腳環，還沒來得及為牠取個名字，已經匆忙繫放。因為一年以前有過捉放受傷琵鷺的寶貴經驗，經驗告訴我們：離群太久的黑面琵鷺，會被排斥，族群不會與其為伍，甚至任其自生自滅，視若無睹。

第二隻黑面琵鷺，好不容易捉到了。這是一隻尚未成年的幼鳥。顧不了那麼多，工作人員七手八腳地量度身長與體重，扣上金屬腳環，裝上追踪發報器，先不論身負重任的當事琵鷺是不是早已吓得屁滾尿流、魂飛魄散，還是得以追踪立場作為先決條件。就在約定的相關官員、隨行記者見證之下，抓住機會，及時主持命名儀式，取名芭比 Barbie。

經過三天折騰，非但工作人員疲憊不堪，芭比也驚吓到幾乎喪失求生本能。最後，極不得已，手忙腳亂，只好又拆掉芭比背上的發報器。

三月三日，清晨。成功捉到一隻取名叫做幸運七號 Lucky Seven 的黑面琵鷺。另外一隻被活捉的黑面琵鷺，也迅速命名九弟 Brother No. 9，取代芭比揹負神聖使命，揹着發報器揚長而去。

儘管沒有圓滿達成計劃。儘管無法繫放六隻黑面琵鷺。曾文溪口的神秘任務，也算令人滿意，不得不結束。

○
○
○

比起臺南曾文溪口，香港米埔順利得多。

有了臺南的經驗，日本野鳥協會這次只來兩個人。所有的日本放送發報器，都由植田、尾崎樣負責安裝。天時、地利、人和，參與圍捕的日籍人員，僅作短暫停留，即已打道回府，準備靜候佳音。

天羅地網，一下子，居然活捉多達十三隻黑面琵鷺。瞬間安置裝備。就在一個個都還沒有來得及搞清楚是怎麼一回事的時候，已經繫放歸隊了。

○○○

第二天，奇怪的事情就在黑面琵鷺大伙聚集的六號基圍發生了。

十三隻兩腳恍如穿着五分褲的黑面琵鷺，被大伙公認是演化異類，紛紛走避。

六號基圍，就在老遠的大片蘆葦底下，就是這麼聚集排列着——左邊，一大群僥倖沒有被捕捉的黑面琵鷺。中間，扣上金屬腳環的沙灘男孩。右邊，較遠的地方，和幾隻大白鷺站在一塊，那裡有身負重任、揹負發報器的三隻另類黑面琵鷺。

猜忌，令黑面琵鷺失去往日歡樂。幾近四月天，眼看一隻一隻黑面琵鷺，已經換裝一身鵝黃顏色的繁殖羽毛，卻不再重複往年吃完又吃的例行動作。一來，原本比較容易接近觀察的十六號基圍魚塭，一個月之前，收成基圍蝦，海水被排放得幾乎變成旱地，黑面琵鷺少了一個以往但凡日落西山必然飛往集合的定點地方。二來，基圍附近，只要肉眼能夠看見的人工魚塭，也都注滿整池海水，黑面琵鷺根本無處着地，無機可乘。三來，就算黑面琵鷺現在可能四處夜襲，夜半飽餐也都無法觀察。

就在感覺無可奈何的時候，孰不知又到了不得不相約後會有期的時候了。惟有讓我們目光一致，聚精會神，指望日本野鳥協會即將開始追踪而傳來的消息和資料，亡羊補牢，一起揭開黑面琵鷺何去何從的神秘面紗吧。

○ ○ ○

後記——

四月二日，星期四，中午時分。六號基圍終於趁着海水退潮，開閘放低水位了。

低水位，立時引來二十幾隻黑面琵鷺，不顧一切，就在基圍魚塭快步搜索，即時展開獵食行動。雖然形如飯瓢的大嘴，很難夾住一身滑溜溜的基圍蝦，黑面琵鷺還是吃得津津有味。事發突然，猝不及防，沒有蒼鷺在旁邊警戒，一切都顯得融洽，人和鳥都感覺協和，就連靠近路邊的泥灘，也有幾隻黑面琵鷺正在來回穿梭，邊走邊吃，津津有味，很忘我。

四月二日，對我來説，這是一個重要的日子，成群的黑面琵鷺，不乏有兩腳扣套顏色金屬識別環的異類琵鷺，見怪不怪，似乎彼此已經互相接受了。

這真是一個讓自己感覺莫名興奮的好消息。

成年黑面琵鷺，典型的繁殖羽打扮，一身吸引力，容光煥發。

黑面琵鷺專心一意，在水位下降魚塭快速掃蕩，準備飽餐一頓。

群擁而至，伺機以待。

感應基圍魚塭水位下降，魚蝦活蹦亂跳。黑面琵鷺 Black-Faced Spoonbill

揚起雙翼，表示覓食的時間到了。

每天黃昏準時飛往固定地點，黑面琵鷺 Black-Faced Spoonbill 洗滌理容，

黑面琵鷺 Black-Faced Spoonbill 準備北歸，四處打游擊，欲增強體力。

覓食都必須默契十足。兩隻黑面琵鷺步伐一致，向右快速搜索。

黑面琵鷺聚集打撈，你一鏟，我一瓢，魚蝦幾乎無處可逃。

黑面琵鷺可以接二連三生吞活吃好幾條大魚，每天如是。

整條魚吞進大半，黑面琵鷺吃得臉都扭曲變了形，滿足得不得了。

黑面琵鷺在水裡掃蕩，天上的琵鷺不甘落後，急急加入行動。

排列一條龍以防漏網之魚，黑面琵鷺覓食猶如布下天羅地網。

前面的龍頭似無動靜，後面的黑面琵鷺趕緊把握機會繼續覓食。

用心搜索魚蝦的黑面琵鷺，三隻腿上套着識別環，小白鷺感覺很訝異。

基圍蝦引誘太大，黑面琵鷺絞盡腦汁才夾到一隻，正準備吞食。

左邊的黑面琵鷺不小心被基圍蝦卡住喉嚨，吞不下去又吐不出來。

色，爭相逃逸，作垂死掙扎。

原本一潭死水被攪和得水波蕩漾。黑面琵鷺耐心搜索，水裡的魚蝦大驚失

細雨綿綿三月天，觀鳥症候群

〇〇〇

變天了。

又是梅雨季節？不知不覺，已經身處整天細雨霏霏的三月天。擡頭觀望，僅見濃雲密霧，盡是灰濛濛一片。香港，梅雨季節，雨幾乎下個不停，別說由維多利亞海峽這邊望不到九龍彼岸，就從住在四十幾層樓高的客廳落地大窗，向外張望，也盡是白茫茫。高樓底下，維多利亞公園更全都淹沒在雲霧其間。原本聽得見的八哥喋喋不休，也都聽不見，銷聲匿跡，全都躲進高架橋底下的石縫，避雨遮風了。

整個世界，好像都要變天了。其實，天正在無聲無息地變變變。

○○○

三月天，溼氣凝聚得教人呼吸都費力。

很難再碰得到有陽光普照的好天氣。我使勁呼吸，依然沉迷於驅車前往米埔觀鳥的慣例行動。分明知道潮溼無奈的梅雨，正在催趕候鳥北飛回去，能夠看見的雀鳥越來越少，我還是克制不了習慣性的衝動，一股腦地往返米埔，就像是着魔的感覺一樣，一股腦地在奔騰。

○○○

潮水，一如往常，退潮漲潮，帶動萬物生生不息。

跟着潮汐時間表，進出米埔，也就永遠不會錯過任何一次滿天飛舞的鳥群。哪怕三月天的候鳥依次北歸，屬種明顯遞減，還是有不少雀鳥正跟着潮水，前進後退，突昇剎降，極盡精采，嘆為觀止。一氣呵成的壯觀場面，依然令人忍不住拍手叫好。畢竟，過境米埔的候鳥何其多，依依不捨，看來也都不願意離開這片度冬天堂——米埔自然保護區。

只要願意觀鳥，只要養成觀鳥習慣，跟着潮汐時間表進出米埔，總會有些或多或少、出人意表的收穫，每次也都能聽見成群候鳥嘰呱叫喊，嚷嚷不停，熱鬧到教人無端心動，跟着鳥群莫名其妙在興奮。

一天兩次，漲潮規律地調節深圳河口后海灣的鳥群作息時刻。今天，儘管白天漲潮水位是二公尺左右最佳高度，既厚且低的漫天雲霧卻死鎖米埔浮橋外面的大片后海灣，原本可以隔灣相望的深圳高樓大廈全都看不見了，原本清晰可數的來去漁船也都看不見了，就連綿延海灣的大片紅樹林也都完全看不見。我只能聆聽嘰呱叫喊、嚷嚷不停的聲音，嘗試判斷成群候鳥的遠近距離。手裡握着笨重的長鏡頭相機，只能孤獨地坐在觀鳥屋裡面，兩眼無神，隔着窗口朝外搜索，腦筋空白，只能在回憶……。

○○○

三月五日，中午過後，天空放晴，久久不見的陽光顯得特別燦爛。

我坐在書桌前面，雖然望見雲層正由遠方緩緩飄來，潮汐表卻顯示三點八分的漲潮高度是二點一公尺，幾近完美。放下手頭工作，刻不容緩，決定飛車吐露港公路，直指米埔，一路狂奔而去，希望在雲層撲到之前，能夠捕捉些什麼鳥態。

從香港島東面盡頭的柴灣辦公室，想要來到九龍新界最北角的米埔自然保護區，那可還真是一段漫長的路程。我用心抓握方向盤，使勁踩踏腳油門，所幸抵達米埔，陽光依然艷麗四射。穿過十二號基圍的邊境鐵絲網大門，緊握相機，疾步踏上浮橋，箭步遊走在狹窄的木板之上，只見兩邊密集叢生的紅樹林被我這個突然而至的快速身影，磨擦得沙沙作響。眼看腳底的潮水，已經上漲到接近二點一公尺邊緣。腕錶的指針告訴我，現在已經兩點五十分。

接近觀鳥屋，放慢腳步，小心翼翼，我用鑰匙打開那道一向緊鎖的木門。觀鳥屋已經坐着好幾個熟頭熟臉的觀鳥同好，鴉雀無聲，各自努力，都在藉着一道道隙縫似的窗口，屏息以待，聚精會神，凝視眼前一群一群的鳥世界。

一波一波的鳥群，突昇剎降，喧天價響，嘰呱叫喊、嚷嚷不停的嘈雜聲音，緊跟着鳥群忽近忽遠、或高或低，正在四面擴散。無論是從左手抓住的望遠鏡、還是右手緊握的長鏡頭相機，都令人驚訝於眼前千變萬化的奇妙世界。那確實是一個應接不暇的萬花筒世界。

○○○

面向后海灣，位於浮橋末端的觀鳥屋，已經由兩個增加至三個。最新的那座觀鳥屋，為的是紀念一向熱心公益的馮漢超先生而建，這還是二月底才由直昇機吊置安裝的觀鳥屋。

我還是習慣來到左手邊這間專為觀鳥會設置的觀鳥屋觀鳥。雖然偶爾高朋滿座，但是在各人凝神觀注候鳥行為的同時，卻從來沒有出現過彼此打擾的情形。走進觀鳥屋，恍如進入無人之地。鳥群亦然，就在觀鳥屋前面肆意活動，也猶同進入無人之地。觀鳥屋裡面，能夠聽見的，不外乎就是屋外分辨不清的鳥聲，屋內計算候鳥數目使用的碼錶按動聲、書籍翻閱聲、相機快門聲，偶爾還會聞到陣陣撲鼻的咖啡濃香味。

觀鳥會，雖然擁有六百多個會員，能夠成天泡在觀鳥屋裡面，還是只有那幾個熟頭熟臉、幾乎以觀鳥作為職業、一些清一色白皮膚的少數會員。除了例假日，觀鳥屋裡面絕少出現黃種人。

○○○

陽光曝晒着后海灣，觀鳥屋前面的爛泥溼地被漲潮的海水完全淹沒了，湧進來的海水撞擊觀鳥屋的腳柱，劈啪作響。我最喜歡這樣的氣氛。漲潮讓我的視線，被來回飛舞的鳥群遮掩。漲潮讓我的耳朵，被喧天價響，嘰呱叫喊、嚷嚷不停的嘈雜鳥聲圍繞。不知不覺，我變成鳥人。霎時之間，我變為一個好像能夠和雀鳥溝通的鳥人。我傾聽，我觀賞，我也記錄。我發覺自己非常陶醉，非常沉迷，全然忘我，渾然不察，而且樂在其中。

鳥，一波接一波，靜止再前進，前進又後退。

首先，就是沙錐。後來，還是沙錐。彷彿看見的雀鳥，永遠都是沙錐。好像只有沙錐才知道，小小的魚貝在爛泥淤垢底下，正藉着丁點滲透進來的海水，蠢蠢欲動，準備要熱身。彈塗魚不甘示弱，也察覺正值漲潮開始，歡天喜地，爭先恐後，個個搶先滾動身軀，拚命地熱舞。

沙錐，就像是巡邏荒蕪戰地的步兵，四散在方才開始有丁點水氣的爛地，快步搜索，虎視眈眈。

沙錐，修長尖銳的喙，像是手握長槍前端的刺刀，殺氣騰騰。

沙錐，毫不猶豫，趁勢鑽探爛地，大肆掠食，見縫插針。

沙錐，知道漲潮的速度何其快。

沙錐，會在海水淹沒爛地一瞬間，通風報信，聒噪着成群飛走。

沙錐，永不戀戰，速戰速決，杳然不知去向。

〇〇〇

這一天，下午，陽光居然燦爛無比，爛地適逢漲潮甦醒過來。

我看見三三兩兩低飛進駐的白腰杓鷸，一身褐灰顏色的打扮確實與眾不同，臉上掛着形如阿拉伯彎刀的尖喙，顯然神氣十足，鶴立雞群，氣宇軒昂，在尖鋭的鳴叫聲下，依次排列，駐足於后海灣溼地的候鳥群裡面，永遠都像是一支紀律嚴謹的騎兵隊伍，整齊劃一，威風凜凜。

三月天，綿綿梅雨一再呼喚候鳥北歸。列隊迎風豎立的白腰杓鷸，已經寥寥可數了。

〇〇〇

漲潮永遠是突然而至。海水快速朝濕地灌入，令人措手不及。

紅嘴鷗，反常地，迎向氣流，驀地竄昇高飛。

本來在后海灣並不共同進退的兩個紅嘴鷗群，破例藉氣流融合，霎時成為連接的上下兩個螺旋體。成千上萬，紅嘴鷗聚集成團，聲嘶力竭，就在氣流裡面，上下竄蕩，左右搖擺，形同兩面駭人的龍捲風。

紅嘴鷗，盡情地飛竄高空，即使漲潮二點一公尺也引不起低飛覓食的衝動。

紅嘴鷗，拚命地朝上衝，又用力地往下摔。

三月天，綿綿梅雨催促着紅嘴鷗也得要準備隨時北飛了。

這一天下午，對於紅嘴鷗，對於我，都是重要的時刻。畢竟，這一天之後，隨時都會是彼此互道珍重再見的時候。

○　○　○

卷羽鵜鶘，米埔后海灣能夠看見的最大鳥種。

這些身長一百七十公分的巨無霸，只有漲潮時刻，藉着望遠鏡才有機會觀察。遠遠徘徊在漁船航道附近的鵜鶘，好像着迷似地，總是在老遠的一邊，來回游蕩，嬉戲覓食，對於這頭的溼地根本不屑一顧。

卷羽鵜鶘，引起我的好奇，除了那張滑稽的臉龐，銅鈴大眼和肚兜似的橘紅大嘴也讓我猶如驚艷，僅能遙遠作岸上觀，更增添幾分神秘。這種據說棲息長江下游瀕臨絕種的大鳥，這個冬季在米埔后海灣記錄十九隻。

十九隻卷羽鵜鶘，形如艦隊，龐大的身形，幾乎塞滿整個望遠鏡。

三月天，綿綿細雨，也似乎喚起卷羽鵜鶘的思鄉之情，出現在漁船航道附近徘徊游蕩的場面不再多見，取而代之，卷羽鵜鶘經常列隊低空盤旋，偶爾忽而接近基圍繞圈打轉。

十九隻龐大的身軀，同時鼓動着幾可遮天的巨型翅膀，搧拍空氣，嘩嘩作響，呼嘯而過，場面偉大，彷彿轟炸機群，低空掠過，震撼大地，令我徹底折服。每逢憶及，心胸起伏，依然熱血沸騰。

○○○

不可能的事情發生了。

這一天下午，就在濃黑陰暗的雲層幾乎就要遮天蓋日，卷羽鵜鶘出乎意料，緊跟着一陣轟然巨響，從天而降，就立於觀鳥屋前面這片空曠的沼澤地。

一隻接着一隻的卷羽鵜鶘，就像是侏儸紀史祖鳥似的，出現在一道道窗口隙縫外面。

觀鳥屋裡面的空氣凝結了。驚訝的表情出現在屋內每一個人的臉上。不可能的事情正在發生。

卷羽鵜鶘，一隻一隻，擡頭挺胸，就站在淺水爛泥地，不約而同，呼呼地搧動各自的雙翼，彼此爭先占領不容侵犯的臨時疆域。降落造成的水花，振翅拍打而掀起的水波，加上你追我趕所揚起的水浪，眼前的爛泥地形成根本無法控制的混亂場面，前所未見，空前絕後。

空氣頓時凝結，觀鳥屋裡面的人先是一陣錯愕，繼而各施所能。只聽見相機快門的啟動聲響顯得格外震耳，啪噠、啪噠，直到捲盡了底片，直至再次捲盡剛剛才又換上的新底片。我聚精會神、尋找目標、專心拍攝，腦筋一片空白，彷彿就是身置戰場、正在奮力殺戮的士兵，幾乎歇斯底里。驀地，不知道究竟發生什麼事情，只見烏雲像是天狗吞日，原本艷麗溫暖的陽光立時不見了，隙縫似的窗口飄進綿綿細雨。我像是大夢初醒。原本漲潮的海水，不知道什麼時候已經杳然無踪。你追我打的卷羽鵜鶘，也都早已不知去向。

三月天，綿綿細雨，應該是梅雨季節了。濛濛梅雨，正催促着卷羽鵜鶘也得要準備隨時北飛了。

收拾相機，扛起背包，離開觀鳥屋，走出浮橋，踏上歸程。

我想起童年，想起一首歌，一邊走在浮橋，我邊唱邊哼起來：

「淡——淡的三月天，杜鵑花開在山坡上，杜鵑花開在小溪旁，多——美麗呀，啊——，像村家的小姑娘，像村家的小姑娘……。」

○○○

三月十三日，星期五，又是漲潮的好日子。

只賸下一隻老態龍鍾的卷羽鵜鶘了。

老鵜鶘，拖着灰黑的厚羽，意興闌珊，就在老遠的爛泥踽踽獨行。

一邊，原本站在一块孤岩頂端的蒼鷺，突地慌忙走避。一邊，老鵜鶘正在吃力地搖擺身軀，邁向孤岩，看來必然是想站上孤岩作最後的追憶。

老鵜鶘，儘管很吃力，還是成功躍上孤岩頂端。那是一副疲憊的眼神，正凝望着遙遠的北方。

○○○

三月十九日，星期四，下午一點四十五分，潮漲二點一公尺。天氣晴朗，牕下的最後一隻老鵜鶘也不見了。成千上萬的紅嘴鷗也都不見了。

三月天，綿綿細雨帶走所有的度冬候鳥。真的是到要說珍重再見的時候了。

○○○

劇終。

小心翼翼梳理羽毛，卷羽鵜鶘 Dalmatian Pelican 已經做好北歸準備。

晒太陽？不是，綿綿細雨，卷羽鵜鶘全身濕透，拍動雙翼欲轉移陣地。

卷羽鵜鶘 Dalmatian Pelican 全身溼透，大雨讓牠非常狼狽，坐立不安。

離較遠而無動於衷，大家繼續睡大覺。

龐然巨物降落，煞車不及，卷羽鵜鶘趕得澤鷸雞飛狗跳，後面的反嘴鷸距

近，否則雙方必有爭執。

卷羽鵜鶘 Dalmatian Pelican，疆土意識強烈。體積太大，距離不能太

標大大，容易遭人類殺害。

方才落地，又急於作出起翔姿勢。卷羽鵜鶘非常敏感，草木皆兵，畢竟目

度冬出現米埔的卷羽鵜鶘，據説長江下游和福建沿海出現少量踪跡。

展翅的卷羽鵜鶘身強力壯。已經被歸類嚴重瀕臨絕種，看來還是有些希望。

從天而降，卷羽鵜鶘赫然出現眼前，觀鳥屋裡每一個人都興奮得不得了。

大力搧拍雙翼，空氣呼呼作響，卷羽鵜鶘恍如來自侏儸紀世界的翼龍。

左邊的卷羽鵜鶘率先攻擊，先下手為強，誓要驅逐對方出境，臨時的勢力範圍也不容妥協。

雙方展示自己實力，希望對方知難而退。今年度冬的卷羽鵜鶘多達十九隻，彼此都很不習慣，簡直無法忍受。

既動手又動嘴，相互攻擊，水花四濺。卷羽鵜鶘無時無刻不在你爭我奪，或者是趁勢舒展筋骨，趁機活動一下。

卷羽鵜鶘梳理羽毛動作非常誇張，給人一副滑稽表情的感覺。有人說牠是新疆亞種，看來卻無從考據。

卷羽鵜鶘標準降落姿勢。由於體型龐大，想飛還得要依賴跑步才行。

不知道叫做什麼名字的候鳥

○○○

不觀鳥的人很幸福，不必因為樹梢、屋頂遽然現身的雀鳥而大費周章地品頭論足。

觀鳥的人似乎更幸福，因為可以無時無刻陶醉在飛進視野的雀鳥其中，大費周章，品頭論足。

奉勸千萬不要對雀鳥產生興趣，一旦踏上觀鳥一途，可能就會沒完沒了，一頭栽進像是萬花筒那般的雀鳥世界。儘管手裡握着二十倍望遠鏡，引頸張望，還是永遠分辨不清，究竟什麼鳥叫做什麼名字。

觀鳥，讓人抓狂。

○○○

觀鳥，教我抓狂。

一年以前，開始拍攝過境米埔候鳥，當時還沒有這種感覺，只顧瞇着左眼，瞪大右眼，望眼欲穿。左手握着相機，右手按着快門。但求捕捉雀鳥刹那神態，已經心滿意足。自己壓根就沒有丁點觀鳥概念。直到開始對照參考資料，欲求進一步了解自己究竟拍攝的是什麼鳥，鳥又叫做什麼名字的時候，這才猶如墜落五里霧中，急如熱鍋螞蟻團團轉。從此以後，我知道觀鳥是一門學問。

觀鳥，確實會讓我抓狂。

○○○

據說，全世界經已為人知的雀鳥、並且列入記錄的鳥類，大約一五六科、九〇四〇種。經過中國權威雀鳥專家鄭作新教授斧正的「中國野鳥圖鑑」參考書籍，登錄雀鳥大約就有一千二百五十三種。

世界自然基金會香港分會，統計每年避寒過境香港的候鳥、加上少數留鳥，計四〇〇種。

每一次，翻閱雀鳥參考資料，即有霧裡看花的感覺。並不是因為公布的鳥種太多，而是公布的鳥種大同小異，樣貌酷似，有些更彷彿如出一轍。以今天高科技生產的長焦距鏡頭、甚至是高倍率望遠鏡，依舊無法即時分辨什麼鳥究竟又是什麼鳥。真假難分，不知道究竟誰是真命天子。

每一次，翻閱雀鳥參考資料，先入為主的觀念告訴自己：白鷺有小白鷺、中白鷺、大白鷺。然而，當初在米埔拍攝候鳥，壓根就沒有想到還會有那麼多樣貌酷似的牛背鷺。直到有一天。有一天，牛背鷺換上繁殖羽，由頭到背，變身成為棕黃顏色鮮豔飾羽。當小白鷺突然搖身一變而成為牛背鷺的時候，我大吃一驚，羞愧得無地自容，就像是自己愛上一個上床之後才發現是男扮女裝、原本非她不娶的心儀美女。不僅如此，長得像是白鷺的孿生姐妹還真不少，包括一些岩鷺、黃嘴白鷺，甚至就連高大的中白鷺和大白鷺，我也感覺難以區分。

白鷺，一時要我抓狂。

南下避寒的候鴨，也讓我感覺很迷惑。

○○○

眼前除了幾乎定居基圍棲息，這些四處可見的斑嘴鴨，如果還想要觀察其它種類的候鴨，就必須跨越十二號基圍禁區鐵門，踩上浮橋，走進接近后海灣的觀鳥屋，於漲潮時刻，才可能有機會看見一些不同屬種的候鴨群。放眼望去，黑壓壓一片的候鴨，又會因為月份不同，而出現屬種不一的候鴨。

每逢九月至翌年四月，后海灣附近，即可以看見十種以上的候鴨。但是，往往當自己藉望遠鏡驚艷到不知所措，還沒有來得及搞清楚看見的究竟是些什麼候鴨。

鴨，已經振翅高飛，不知去向。畢竟，常年的遺傳基因，早已經警惕候鴨：人類是多麼可怕！

但凡人類提及野鴨，無不食指大動，一心想要大快朵頤。所以候鴨臃腫的身軀兩旁，就會長出強而有力的雙翼，拍動起來，呼呼作響，足以應付任何突發狀況，可以瞬間一飛衝天，能夠即時逃之夭夭。這些警惕意識極高的候鴨包括：綠頭鴨、白眉鴨、綠翅鴨、針尾鴨、以及春天才能夠看見的赤頸鴨，還有為數不多的翹鼻麻鴨。

觀察候鴨，就像集郵，永遠收集到不成套的郵票。候鴨，數不勝數，枚不勝舉，實在沒有辦法確定南下避寒的候鴨，究竟會有多少屬種。

候鴨，讓我感覺很迷惑，長期令我很抓狂。

○○○

米埔禁區外面的后海灣，這裡是世界上少有的小範圍、大變化的濕地海灣。

退潮，濕地一望無際，赤裸袒露，延綿長寬十數平方公里，肉眼根本望不見泥濘盡頭，錯覺甚至讓人以為米埔和深圳河對面的福田自然保護區融為一體。

漲潮，特別是潮高二公尺以上，海水迅速倒灌，刹那淹沒大地，及時形成汪洋一片。

十月至翌年二月，走出浮橋，置身位於紅樹林盡頭的觀鳥屋，就會看見一波接着一波的候鳥，藉着滿潮飛來掠去，就在后海灣邊緣，各自占據有利位置，覓食、走動、睡覺、觀望，動作不斷重複。一旦潮水稍有變化，立馬群起群落，呼應水位或高或低，不斷更換棲息位置，由遠而近，再由近而遠。

避寒南飛的候鳥，總是這麼忙碌，每天緊跟着兩次漲退潮汐，一而再，再而三，孜孜作息，日復一日。

○○○

唰！唰！唰！

澤鷸，一群群，甫一開始有潮水上漲跡象，即率先於頭頂呼嘯而過，搶占灘頭，齊齊降落，靜立爛泥地面，耐心等待大地即將出現的千變萬化。

鶴鷸，不知何時，已經出現正在滲漓海水的大片濕地，迫不及待，紛紛忙碌，決定要趁海水尚未完全倒灌之前，趕緊覓食那些正在興高采烈、迎接潮汐嬉戲的弱小動物。

濕地，鳥頭湧湧，四處都是嘈吵鳴叫、你爭我奪的嚷嚷聲音，沸沸揚揚。

天空，交織着白腰杓鷸和紅嘴鷗群，漫天飛舞。

青腳鷸，陸續登場，邊走邊吃，一路踐踏着方才覆蓋少許海水的爛泥之地。

海水越漲越高，白腰杓鷸和紅嘴鷗亦分批落地，立於水深及胸的位置，嘰哩呱啦，彼此呼應，不斷宣誓主權。

遠遠走在紅嘴鷗後面，那是為數眾多的反嘴鷸。

接着又是密密麻麻，數之不清，不同屬種的候鴨。盛大的嘉年聚會，場面空前熱鬧。隨後，緊跟着瞬間退潮，候鳥再度飛上落下，由近而遠，忽地又飛離四散。

我只能屏息凝視瞬息萬變，根本沒有時間仔細觀察什麼鳥究竟叫做什麼名字。來去匆匆的潮水，真令我抓狂。

〇〇〇

鷸，成群竄飛，成群覓食，成群休憩。

鷸，無論正在做些什麼，都絕對盡可能遠離人類。觀鷸，就必須要用二十倍望遠鏡。但是儘管運用高倍率望遠鏡，鷸還是教人感覺模稜兩可，就像穿着一身野戰服的士兵，只能從肩章、頭徽來辨別誰是屬於什麼兵種。觀鷸，就是這樣。高倍率望遠鏡，其實也很難判斷誰又是誰。澤鷸、半蹼鷸、斑尾塍鷸、黑尾塍鷸、林鷸、草鷸、紅腹濱鷸、紅胸濱鷸、紅頸瓣蹼鷸，等等，等等。特別是避寒南下的候鳥，彼此長期披着一襲灰棕色非繁殖羽的時候，觀鳥就會抓狂，毫無頭緒。

我一直分不清楚鷸和鴴，兩者究竟有什麼區別。

據說，鷸的喙和腳比較長；喙，無論是筆直、還是彎曲，均呈尖細形狀，方便在爛泥堆裡鑽探覓食。

據說，鴴的頭和眼比較大，喙和腳比較短，方便在濕地不停來回奔走覓食。鷸的脖子長。鴴的脖子短。

據稱，全世界的鷸有八十二種，鴴有六十四種，這還不包括十六種燕鴴、九種石鴴、一種鸚嘴鷸、兩種彩鷸、四種蠣鷸、七種反嘴鷸、八種雉鴴在內。

鷸鴴何其多，多到數不清。

我一直分辨不清鷸和鴴，兩者到底有些什麼區別。

最令人費解莫過於有些鳥既稱為鷸，又叫做鴴。譬如：反嘴鷸，又稱為反嘴鴴。黑翅長腳鷸，又叫做高翹鴴。蠣鷸，也可以稱之蠣鴴。一時之間，鷸鴴界限釐定不清。

就是這樣，鸛讓我抓狂。

除了長着修長的雙腳和全身一襲黑白相間的飾羽，我實在看不出反嘴鷸和黑翅長腳鷸又會有什麼共同點，兩者居然都被收錄在全世界七種、中國境內兩種的反嘴鷸屬種裡面。

反嘴鷸，修長的美腿是粉藍顏色；長腳鷸，秀麗的玉腿是粉紅顏色。

反嘴鷸，尖鋭的長啄彎彎地朝上翹；長腳鷸，尖細的長啄鋭利而筆直。

兩者無論活動行為、搜索覓食、環境適應，均不相同。難道就是因為黑白相間的羽飾，而被生態專家指定歸類成為反嘴鷸科？

反嘴鷸科，讓我直覺想起蠻荒非洲成群的斑馬。對了，展翅高飛的反嘴鷸，雙翼彷彿斑馬的黑白紋理，旗幟鮮明，確實是獨樹一格。

○

○

○

今年冬季，黑翅長腳鷸避寒過境米埔的數量顯然不多。

黑翅長腳鷸，偶見三三兩兩游蕩基圍，慢條斯理，左右划動，優雅覓食。可能米埔已經不再適合長腳鷸棲息。可能太過於斯文的進食舉止，令長腳鷸沒有辦法和大量多種同時避寒南飛的候鳥競爭。

臺南就不一樣。黑面琵鷺毗鄰而棲的鄰居，就是長腳鷸。三月底，臺南沿海鳥類普查點算結果，大概有三百六十隻長腳鷸活動於距離曾文溪口不遠的四草和北門。聽說，長腳鷸於春夏季節，還出現繁殖記錄。長腳鷸，似乎作出選擇，部份決定棲息臺灣，不再南飛北歸了。

反嘴鷸，比起臺南點算只有六十三隻避寒逗留記錄，顯然就有絕大差異。米埔能夠記錄近乎一千隻反嘴鷸。反嘴鷸，非但酷愛后海灣，每年更會依依不捨，成為最後一批北飛歸去的候鳥。

踏進潮濕悶熱的四月天。一群又一群的反嘴鷸，趁着漲潮，即大量湧進爛泥濕地。長着一對有蹼的粉藍色雙腳，永遠踩着泥漿，就在水深及胸的位置，偶爾藉着水勢前進後退，美艷修長的雙腳永遠藏匿水下，很難讓人有一窺全貌的機會。漲潮，看來對於反嘴鷸來説，似乎作用不大，大量進駐爛泥濕地，只不過是率先占據有利位置，時而睡覺，時而理羽，裝着一副與世無爭、天下太平的模樣。但是，當反嘴鷸一旦發現出現退潮跡象，急轉直下，即會群起騷動，忽然行動，開始利用修長而又帶蹼的雙腳翻挖爛泥，任何腳下傳來的絲毫動靜，都會令反嘴鷸立馬翹起白臀，長劍似的尖細黑喙就會即時插進水裡，左右掃蕩，過濾覓食。

反嘴鷸，就是這樣，喙腳並用，集體行動，快速進食。

○○○

觀鳥，令我抓狂。觀鷸，更讓我迷惑，如墜五里霧中。

驀然回首，我想起中學教科書一段讓自己至今依然不解的故事——鷸蚌相爭「國策燕策」：

趙且伐燕，蘇代為燕謂惠王曰：「今日臣來過易水，蚌方出曝，而鷸啄其肉，蚌合而箝其喙。鷸曰：「今日不出，明日不出，即有死蚌。」蚌亦謂鷸曰：「今日不出，明日不出，即有死鷸。」兩者不肯相捨，漁者得而並擒之。今趙且伐燕，燕、趙久相支，以敝大眾。臣恐強秦之為漁父也，故願王之熟計之也。惠王曰：「善。」乃止。

我卻一直沒有機會親眼看見鷸食蚌。我想再笨的鷸也不會慢條斯理地啄其肉吧？必然會疾速啄其肉吧！

○○○

觀鳥，令我抓狂。觀鳥，不僅不知道觀的是不知道叫做什麼名字的鳥。就算知道，不明就裡，也不知道叫做什麼名字的鳥名，究竟是對還是不對。

愛德華．威爾遜 Edward O. Wilson，曾經寫過這本書：THE DIVERSITY OF LIFE。裡面有一段膾炙人口的敘述：「分類學是科學，但是其中一定包函幾分藝術成分在內。這種模稜兩可而又含糊不清的解讀，正是為了尋求比較可以為人接受的妥協辦法。」

直至現在，好多鳥名，我還是不清楚。我不知道什麼鳥到底叫做什麼名字。算了，或者乾脆都叫做 The Bird with No Name。

唉——。觀鳥，委實令我抓狂。

磯鷸 Common Sandpiper，非常普通鳥種，多出現離水面較近岸邊。

少數斑嘴鴨 Yellow-Nib Duck 已經決定成為米埔基圍的留鳥，出雙入對進出蘆葦其間，生活寫意。

躍起還有一群反嘴鷸 Avocet。

琵嘴鴨 Shoveler 度冬必訪米埔，能夠這麼接近觀察委實不易。同時驚吓

鴨永遠居於最遠位置，永遠小心翼翼。

赤頸鴨 Gadwall 集體奔逃，蔚為奇觀，后海灣難見景象。警覺心理令赤頸

動作迅速，永遠不會落後於人的綠翅鴨 Teal，並不容易觀察。

水深及膝是反嘴鷸 Avocet 覓食高度，以腳挖掘，以喙過濾。

彎嘴濱鷸 Curlew Sandpiper，據説春天才能在后海灣看見。

青腳鷸 Greenshank 單獨行動，常混雜其他候鳥之間而不易觀察。

澤鷸 Marsh Sandpiper，喋喋不休，活躍於漲潮爛泥淺灘。

澤鷸 Marsh Sandpiper，但凡漲潮最容易看見，數量最多的哨兵。

旦水退則率先撤退，一哄而散。

略呈下彎的細長尖喙，應該是成群的濶嘴鷸 Broad-Billed Sandpiper，一

現后海灣爛泥淺灘，迎風列隊。

度冬到訪米埔逗留時間最長的白腰杓鷸 Curlew。幾乎漲潮就必然準時出

小濱鷸 Little Stint，喙長，前緣較鈍，獨行。經常跟隨其他濱鷸南下。

鶴鷸 Spotted Redshank，喙紅中透黑，多呈小群活動於基圍。

黑尾塍鷸 Black-Talled Godwit 於爛泥淺灘，用心挑啄泥裡的美食。

觀鳥日誌，某月某日星期幾

○○○

四月十二日，星期六，復活節連續四天假期第二天。

我看了看潮汐時間表，上面寫着：早晨十點二十五分，漲潮，高二點一公尺。窗臺的鬧鐘，指着清晨六點半鐘。窗戶外面，只有幾朵彩雲漫不經心在飄移，魚肚白的辰光托出一片青藍色天空。這麼好的天氣，看來又是機會難逢的觀鳥天。

忽地想起十天之前在米埔后海灣的經驗，經驗告訴我：今年漲潮時間會比潮汐表時刻大約快二十分鐘。趕緊洗臉，倉卒下樓，直奔街口方才開幕不久的麥當勞，買個醃肉蛋漢堡飽和一杯黑咖啡，已經匆忙動身，開車出發，直奔米埔了。

猛地又想起自己為了前往米埔觀鳥，短短六個月裡面，已經被抓過三次超速，一共扣了十一分的遭遇。遭遇告訴我：回歸中國以後的交通警察變得很勤奮，奇謀妙算，有躲着用雷射槍測速，也有用自用車緊隨錄影測速，至於放置路旁三角架的雷達測速器已經是最沒有效率的淘汰款式了。科技日新月異，抓行車超速，都得要警民鬥智了。極其無奈。

○○○

清晨，儘管還不到七點半鐘，草木皆兵，我小心翼翼地開車，腦筋裡想的盡是昨天下午，那是在維多利亞公園一幕幕的驚喜景象。

真的是一幕幕的驚喜景象。我居然看見只有在水邊才有機會看見的藍翡翠，高站枝頭，正和一隻與其體型差不多的黑領椋鳥比肩而立。黑領椋鳥，在一旁嘰嘰咕咕地啼唱。藍翡翠，好像能夠完全領悟，狀似陶醉不已。沒走幾步，我又看見一隻拖着長尾，美麗得就像是穿了一襲晚禮服似的紅嘴藍鵲，正叼着一根樹枝，低空掠過。雖然紅嘴藍鵲在香港雀鳥參考資料裡面，被描述是幾乎無所不在，但是這種艷遇卻讓自己恍置夢境。我絕對不認為今天的紅嘴藍鵲，還會在香港經常可見。時空改變，已經讓羽飾鮮艷的紅嘴藍鵲，幾乎無處可尋了。

復活節連續四天假期，交通暢順。很快地，經過大老山隧道，已經長驅直入吐露港一號高速公路。清晨的海風，夾帶陣陣腥臭的死魚氣味。看來，今年的紅潮來勢洶洶，就像是蠻荒非洲的螞蟻雄兵，兩三天時間，已經消滅沿海大小魚類。紅潮，改變香港四周生態系原本看起來頗為正常的一向發展。真慶幸大批大批的候鳥，已經北飛歸去，否則候鳥不顧一切吞食帶菌毒魚的話，不知道又會產生什麼後果了。

○○○

九點鐘，到達米埔。進入自然保護區，逕赴十二號基圍通往浮橋的鐵門，我沒有忘記今天的主要目的，就是要趁着潮漲來到后海灣溼地，看看進入四月天的爛泥地，是不是還會出現一些什麼新面孔。

似乎來自東邊的大片紅潮正在影響后海灣，方才步出鐵門，踏上浮橋，惡臭已經籠罩整條排水道。位於爛泥濕地的三座觀鳥浮屋，裡面已經擠滿觀鳥人潮。復活節假期，還真為米埔帶來不少生態觀光客。

果然，漲潮時刻確實提早二十分鐘。海水，唏哩嘩啦，淹湧而至。昨天才曝晒呈龜裂狀的泥塊，瞬時全部淪陷，泥塊迅速化解為泥漿。依然滯留后海灣的反嘴鷸，即時順勢低飛靠攏，警戒地和人滿為患的觀鳥屋保持一定距離，一對對小而透亮的眼睛，似乎看穿觀鳥屋那一排排的細縫，知道屋內正坐着不同國籍而前來窺伺雀鳥的各類人種。

二百六十三隻反嘴鷸，悄然降臨，一如往常，毫無動靜，呆立着。三隻翹鼻麻鴨，遠遠地，就在反嘴鷸後面，揮翼理羽，不約而同都把腦袋收進腋窩，決定先睡一覺再說。

漲潮，對於棲息后海灣的候鳥來看，只不過是需要偶爾換換位置、伸伸翅膀的外在推動力。

老遠的地方，飛來十幾隻赤頸鴨，降落的地方又要比翹鼻麻鴨更遠了。

天上盤旋着兩隻鷗嘴噪鷗，飛呀飛着。

咦？觀鳥屋前方，十一點鐘位置，出現一隻鶴鷸。旁邊，孤零零，站着一隻像是黑尾塍鷸。不一會兒，又來了二位稀客，那是兩隻灰斑鴴，肥頭大腦，毫無顧忌，就在紅腳鷸前面溜步來回。

不太協調的畫面，倒也讓觀鳥屋裡面引起一陣高談濶論。大家都看得入神，討論得津津有味。

○○○

時間悄然流逝。十點零五分。

海水，驀然退去。一塊塊附着紅樹林陰暗泥濘濕地生長的寄生藻，全都被疾速倒退的水流拽起來，隨波逐流。爛地，再次由退去的海水逐漸袒露，一片一片，重見天日。成群結隊的彈塗魚，歡天喜地，跳躍着奔相走告。海水，越退越快，遠遠立於爛地的反嘴鷸出現輕微騷動，一群群結伴振翅，決定揚長離去。就像電影院銀幕於結局打出連串字幕，意示曲終人散。不同國籍的觀鳥人潮，紛紛離座，依次走出觀鳥屋，不約而同掛着一幅茫然的表情，踏上浮橋，步向歸途。觀鳥屋內，只賸下兩三個準備收拾較多裝備的老鳥迷。

驟然，天外飛來六隻鶴鷸，臨空而降，出現在遲未離去那兩隻灰斑鴴的右前方。原本落單而久久站立不去的鶴鷸，急忙奔前，喜極歸隊，彼此親密地交頭接耳。

頓時，由遠而近，天邊又飛來大片鳥群，像扇面，快速移動。左邊也出現另一片鳥群，也像扇面，疾速飛近。幾乎同時，又有另一片鳥群，又是一個扇面，就在眼際揮舞。扇面、扇面和扇面，交錯着迎面飛舞，風馳電掣，五光十色，目不暇接，形同觀測萬花筒。

就在還不知道究竟發生什麼事情，扇面全都不見了。只看見一片鳥海，已經聚集在鶴鷸和灰斑鴴旁邊。孤零零的黑尾塍鷸不再孤獨，甚至已經分不清自己身在何處。霎時之間，眼前二十呎之處的泥濘爛地，大大小小，站着二三百隻屬種不同的候鳥。

我喜出望外，聽見的不僅僅是窗外七嘴八舌的鳥語，按不住的澎湃心跳更讓自己差點不能自己，幾乎無法操控手裡的相機。

喀嚓、喀嚓、喀嚓、喀嚓，聞名已久的鐵嘴沙鴴，全都複製底片，精神抖擻，整齊排列。

還有濱鷸。

又有鶴鷸。

左邊兩點鐘位置，不知道什麼時候，已經飛下來五隻塊頭不小的紅腰杓鷸。

一直在天上繞來繞去的兩隻鷗嘴噪鷗，出乎意料，也默默地立在爛地一邊，正在梳理羽毛。

陽光，趁機猛烈照射，似乎誓言要把袒露的泥漿晒成乾裂的泥塊，方肯罷休。

海水，早已功成身退，爛泥地再度望無止境，看來幾乎又要和深圳河對面福田保護區溼地銜接一致。

足足立於爛泥半個鐘頭的鳥群，開始挪動腳步，已經有幾隻舉起雙翼，猶如司令臺上的老師，雙手揮動旗幟，發布啟翔信號。鳥群，彷如站在操場的小學生，彼此拉開距離。

咻！咻！咻！

天際再度呈現三片扇面，就像電影銀幕的ＵＦＯ寬廣畫面，鳥群立馬呼嘯而去，鳥群立時消失眼界。

果真是觀鳥症候群。最後步上浮橋的我，看來已經患得患失了。

〇〇〇

後記——

就在十九號基圍和二十號基圍之間的路徑，我看見一隻體形龐大的草鷺，站在紅樹枝頭，猶豫不決，不知所措。棕褐顏色的頭臉，扭曲變形的脖子，明顯的黑色線條和斑紋，一對炯炯有神的黃色眼珠，正在前後張望，左右環顧。

正當我還沒有來得及舉起相機，呼！一聲，草鷺展開深灰顏色的雙翼，撐起笨重的軀體，已經揚長而去。

這是我第一次驚艷草鷺，真美。

○ ○ ○

後記二——

就在又走到六號基圍，開始數着還有四十六隻黑面琵鷺，就立於幾乎乾癟的蘆葦前面，縮着脖子在打盹。其間，五隻琵鷺，雙腳套着金屬識別環。當中，一隻琵鷺還揹着衛星追踪發報器。

這是我第一次肉眼看見揹着發報器的黑面琵鷺，奇形怪狀，感覺很訝異。

退潮帶走所有的候鳥，惟獨小濱鷸 Little Stint 會靜待冒出來的美食。

Sandpiper 和彎嘴濱鷸 Curlew Sandpiper 所動。

舉起一隻腳作休息狀的反嘴鷸 Avocet，絲毫不被飛過的澤鷸 Marsh

面曚曨不清出現許多鳥種。

鐵嘴沙鴴 Lesser Sandplover 除了一隻以外，全部換裝鮮艷的繁殖羽。後

後面隱約可見鐵嘴沙鴴共同進退。

臨空而降的彎嘴濱鷸Curlew Sandpiper，正跟着退潮準備逐步退回海口。

縮頭駝背的環頸鴴 Kentish Plover，看起來很孤單。又稱白領鴴。

還沒換上繁殖羽的灰斑鴴 Grey Plover，正在抖掉身上的毛毛細雨。

不容易再出現米埔的黑翅長腳鷸 Black-Winged Stilt，別名高蹺鴴。

鶴鷸 Spotted Red Shank，由紅色長腳和灰白色胸羽來分辨。

Curlew Sandpiper 已經在邊走邊吃了。

黑尾塍鷸 Black-Tailed Godwit 從天而降，趁退潮趕緊覓食。彎嘴濱鷸

飛翔姿態非常優美。

只有在潮水大漲大退才會頻頻更換位置的白腰杓鷸 Curlew，列隊而過，

澤鷸 Marsh Sandpiper、紅腳鷸 Redshank 和灰斑鴴 Grey Plover。

中間是黑尾塍鷸 Black-Tailed Godwit，旁邊是澤鷸和彎嘴濱鷸。

愛拚才會贏，贏得候鳥心

○○○

我就住在香港維多利亞公園旁邊。從四十幾層高樓，透過玻璃窗，總是會看見幾隻麻鷹，日復一日，盤旋俯視着公園到處都是的喬木樹林。濃蔭密布的樹林，早就棲息不下三十個屬種的大小林鳥。儘管麻鷹日日虎視眈眈，維多利亞公園依然是數以千計林鳥認為最安全、也最適宜的棲息之地。

維多利亞公園東側出口，就在電氣道旁邊的老郵局前面，不知道什麼時候已經種植四棵珊瑚樹。珊瑚樹，總是在春天，開滿一串串鮮紅顏色的象牙花，隨風飄蕩，招搖惹眼，花香和花蜜，吸引着大多數棲息維多利亞公園的各類林鳥。鳥，無不小心翼翼，飛來樹梢枝頭，吸啜花蜜，啄咬花瓣。從最常見到的暗綠繡眼相思和紅耳鵯、以至不知道是誰家飼養而一不留神即逃出來的南亞洲種折衷鸚鵡 Eclectus Parrot。只要認定沒有麻鷹盤旋，開着象牙花的樹枝，總是客似雲來，熱鬧極了。

維多利亞公園，成為典型的雀鳥生態系，就在密密麻麻的高樓大廈和高架橋樑的隙縫之間，極其自然，又形成雀鳥衛星生態系。雷同七百萬香港居民，不得不習慣生存在極之有限的彈丸之地。

香港，類似維多利亞公園這樣的雀鳥生態系，其實真不少。畢竟，這些微型生態系，正承担提供四百種不同雀鳥生存條件的無形責任。植被和雀鳥，似乎正彼此互利，而且正在健康地配合運作。

○○○

香港，最完整的雀鳥生態系，位於米埔自然保護區。米埔，占地寬廣，資源豐富，管理完善。

天時，地利，人和。米埔自然保護區，擁有幾近五十個基圍和魚塭。接壤后海灣一號至二十二號基圍，經年正常開關水閘，飼養豐盛魚蝦，一方面供應市場需要，一方面供給避寒南下大量候鳥常年覓食。接近教育中心，二十四號基圍後面，幾個涸乾池塘也於今年翻挖，日晒雨淋，接駁渠道，改建淡水魚塘，周圍種植經過普查認為最適宜候鳥和野生動物的花果樹木。年復一年，米埔自然保護區總是呈現嶄新面貌，地表欣欣向榮。

○○○

這一季，魚蝦亂蹦，米埔吸引更多候鳥。十月至翌年三月，候鳥高朋滿座。甚至，四月從澳洲回流的另類候鳥，也因為大家告訴大家，紛紛落地逗留。

前來米埔排隊觀鳥的香港市民，目睹盛況，興奮着比手畫腳。分派米埔參與實際作業的漁農處員工，同樣是歡欣鼓舞。其中心裡最覺得安慰和愉悅，大概就數楊路年博士了。

楊博士，專攻生態，早年研究香港白鷺頗有心得，享有盛名。任職世界自然基金會香港分會米埔保護區經理，專心致力保護區生態系建設。六年經營成果豐碩，米埔已經成為世界管理最健全的保護區之一。以候鳥棲息地而論，米埔更號稱世界第一名。各國專家前來觀鳥，趨之若鶩。米埔自然保護區，好評如潮。

其後，楊博士又力主開發淡水魚塭。測試附近已開發區水質，觀察保護區生物適應能力，分析植物和動物共生關係。除了兩年實際研究，部分基圍已經着手改建淡水魚塭，浩大工程欲令米埔維持平衡生態，期盼保護區良性循環得以繼續保持。

〇〇〇

一九八四年，米埔自然保護區由世界自然基金會香港分會接手管理。保護區，設立教育中心、田野實習中心、十二座觀鳥屋，這還不包括四處可見的研究專用候鳥觀測站，備有多條走道、浮橋，穿梭接駁，環境優雅。

米埔自然保護區，除了楊博士悉心策劃米埔常年維持平衡生態系，香港政府和香港市民亦功不可沒。畢竟，世界自然基金會香港分會雖然隸屬設在瑞士總部，經費卻得來自香港四百間學校，因為學生前往米埔參觀，而由教育處負責支付保護區門券，再加上廣大市民捐款，從而獲得收入。收入用以支付漁農處每年所提供的工程人員開銷，甚至任何和米埔有關的生態計劃。世界自然基金會香港分會，因而自給自足。

香港，生態保育和野生動物保護，真正落實人人有責，人人參予，彼此互動，繼而整體行動。

○　○　○

每逢秋冬季節，越來越多的候鳥進駐米埔，彼此依賴方圓十五平方公里的自然保護區，棲息生存。一片接一片，綿延不絕的密集蘆葦、以及糾纏不清的紅樹林，分別提供不同類型的藏身之處。數以十萬計算的候鳥，每天習慣性在米埔飛進飛出，覓食或活動。接壤后海灣的米埔基圍，也就永遠維持高度不到三十公分的適當水深，方便高矮不一的候鳥前來覓食。紅樹林外面，大片泥濘濕地，又有每天兩次規律地在后海灣漲潮退潮，潮水將大量魚蝦湧進紅樹林進食寄生物，潮水又將大量淤積紅樹林的微細生物冲刷至后海灣。規律的潮水，定期刷洗泥濘濕地，不見天日的紅樹林爛泥地得以萬物蠕動，生氣蓬勃。進駐米埔，越來越多的候鳥，也就整天歡天喜地在忙碌。忙着覓食、移動、休息、梳洗、活動、警戒、睡眠，動作重複，千篇一律。

每天都有大量遊客到訪米埔自然保護區。為了盡量避免騷擾生態系正常運作，人數有嚴格限制，時間有選擇性控制，參觀路線也特別由專人設計，僅開放一條從田野實習中心停車場徒步至漁農處辦公室路線。進入米埔自然保護區範圍，沿基圍魚塭步過九號三層觀鳥屋，於教育中心稍作停留，參觀後面兩個人工水禽飼養池之後，再沿十二號基圍小徑，可以走到后海灣禁區鐵絲網。越過鐵門，步上百聞不如一見且長達三百公尺的獨木浮橋，穿梭六種不同屬種的紅樹林，即可來到后海灣泥濘濕地建造的兩座公眾觀鳥浮屋，觀看潮漲潮退和候鳥行為互動關係。整趟行程大約三小時。三小時，絕對能夠滿足遊客的求知慾，也讓周圍數以萬計的候鳥擁有更大的隱私範圍，因而樂於逗留米埔。

○○○

候鳥，經年遷徙，流離他鄉，養成長期處於高度警覺狀態的不二習慣。觀察候鳥，也就不像觀察留鳥那麼容易接近了。

候鳥，聚集數量越多，越發敏感，草木皆兵，周圍任何動靜都足以導致一場大騷動。

鸕鶿，就是最典型的例子。

每逢十月，呈人字形，一波又一波，避寒飛來的鸕鶿，無論是在米埔保護區休憩，還是趁退潮至后海灣覓食，絕對群體行動。稍微風吹草動，即使只是懷疑出現異狀，必定個個東張西望，坐立不安，然後一走了之，一隻也不留。北飛歸去亦然，鸕鶿會一隊接一隊，集體不告而別，同樣是一隻也不留。

紅嘴鷗，雷同鸕鶿，行為詭異，如出一轍。米埔，冬季多得不計其數的紅嘴鷗，就會在三月裡的某一天，突然銷聲匿跡，集體不見蹤影。

○ ○ ○

四月天，避寒的候鳥紛紛北飛歸去，米埔恢復往日寧靜。偶爾有澳洲過境，僅作短暫停留的另類候鳥，也是寥寥可數。路過基圍，只見幾隻可能已經歸化成為留鳥的鷺鷈和斑嘴鴨，游蕩蘆葦其間，懶洋洋。至於候鳥，顯然已經所賸無幾了。由於缺乏覓食競爭者，雀鳥彼此也都露出一副與世無爭的表情。即使四月至十月，正是基圍蝦豐收季節，卻引不起這些已經吃都吃不動的歸化留鳥丁點興趣，美食當前，視若無睹。

每逢四月至十月，米埔的基圍蝦豐收。源源不絕的基圍蝦，也為保護區帶來一筆可觀的額外進帳。進帳，當然又是用來補助保護區永遠沒完沒了的環境保護工作。畢竟，米埔自然保護區必須繼續迎接一個年度接着一個年度，一批又一批避寒到訪的龐大候鳥群。

然而，這確實是一項需要永續執行的保育工作。知易行難。在這裡，我必須向米埔自然保護區、以及在這裡孜孜不息的工作人員，表示十二萬分最敬意。

進入繁殖期，鸕鶿 Cormorant 在基圍土丘利用蘆葦試行築巢。

和雙翼亦明顯出現棕褐顏色飾羽。

大部份鸕鶿 Cormorant 已經換成一身繁殖羽，除了點綴成白頭佬，胸前

得多。後面隱約可見候鴨也逍遙自在。

一群鸕鶿 Cormorant，中間出現兩隻蒼鷺 Grey Heron，感覺上也就安全

鸕鶿 Cormorant 在陽光下像晒衣架似地伸展雙翼，想將羽毛晒乾。

鸕鶿 Cormorant 喜歡群聚樹梢，擇樹而居。右下角是一隻蒼鷺。

鸕鷀 Cormorant 活像魔術師，又像電影裡的吸血殭屍，正在晒太陽。

鸕鷀 Cormorant 喜潛水獵食，速度極快，由突顯的巨掌可知一二。

三月天是鸕鶿逗留米埔準備北飛的時候，已經換裝一身繁殖羽。

每年有五千隻以上的度冬鸕鶿抵達米埔，永遠選擇棲息老地方。

鸕鶿，機會千載難逢。

個個揚首張望，警戒周圍，鸕鶿對人類特別有戒心，想要這麼近觀看成群

方甚至有築巢跡象。

只需一兩個晚上，這塊彈丸之地已經成為鸕鷀 Cormorant 的家園，右前

鸕鷀收起一腿，單腳休息，有時候收左腿，有時候收右腿。

鸕鶿 Cormorant 把握機會，正在露出水面的土丘練習築巢。

看哪，教人憂心忡忡的生態平衡

○○○

研究野生動物，國外生物學家就會以客觀角度對待演化過程，對於某一個地區出現外來物種同化本地物種，即會以科學觀點來看待。鳥、蝶，但凡長着翅膀而能夠隨機遷徙的飛行動物，演化案例也就屢見不鮮。常有隨環境改變而群起遷徙現象發生，既有去者，也有來者，絡繹不絕。類似外來物種可能同化本地物種的現象，偶有機會也出現在地面活動的哺乳類野生動物之間，非洲蠻荒原野就是見證之地。

○○○

臺灣，四面環海。

臺灣，能夠看見、並且給人印象深刻的同化現象，多侷限於鳥和蝶。最近，就有人說菲律賓蝴蝶入侵臺灣，大聲疾呼，拚命拉響保育警報。最近，也有人說開發橫貫公路直接影響原本平衡的生態環境，本來具有明顯特徵的野鳥，因為打通屏障而被同化，甚至離鄉背井，遠走他方。最近，更有人說對於從外地進口圈養、又或是放生、逃走的飛禽走獸，更強烈影響本土生態環境。

臺灣，對於這些事情，統統無法接受，局面很混亂。

○ ○ ○

其實，土地區劃，只是人類的政治或商業行為，實在沒有必要干涉動物必需迎合人類法規，也確實不需要杞人憂天而大發聳人聽聞。畢竟，野生動物也有我行我素的求生法則，弱肉強食，以至物競天擇。

當然，不少適者生存的自然平衡動律，已經被人類有意無意地大肆摧毀了。所幸，生態學家的遠見、自然保護公約所受到的認同、綠色和平、地球之友，都在不斷奔走，努力營救自然環境，情況開始稍受控制。

人類歇斯底里的肆意開發，令廢氣倍增，溫度爬昇，病毒漫延。

供應人類食用而大量聚集飼養的牛，很快就有機會感染 0157H7 病毒。

聚集飼養的豬，很快就有機會感染口蹄症。

聚集飼養的雞鴨，很快就有機會感染 H5N1。

魚塭飼養的魚，很快就有機會感染有毒藻蟲。

病毒不僅迅速傳染，病毒甚至得天獨厚而直接轉型，進而侵襲人體。

人類有意無意，毫無環保意識，一窩蜂地一意孤行，最後造成天時地利而加速演變的病毒得勝。

一個物種接着一個物種，被病毒蠶食消滅。

一幕又一幕天災人禍，讓人類疲於奔命，從而無力招架。

○○○

開發，造成環境污染，自然循環受到干擾，不再平衡。

生長在深圳河口海邊的紅樹林，相繼枯萎，表示河水流量和水質出現驟變。深圳河口缺乏以往帶有稀釋作用的淡水中和，鹽分毒素、工業溶液、化學垃圾，一股腦都淤積於生長着紅樹林的溼地。賤生的藤蔓，伺機竄走，一味纏繞着原本就已經幾乎透不過氣的紅樹林。紅樹加速死亡。

依賴紅樹林生存的大小生物，飛的飛，走的走，游的游，爬的爬，賸下一片死寂，四處散發着無生命的死亡氣味。

被宣稱是全世界最大的孟加拉山打斑的紅樹林，已經出現這種現象。被讚譽是全世界保護得最為完善的米埔紅樹林，也已經有這種傾向。

立時動員斬除藤蔓，拯救紅樹，以及針對香港新界、深圳一些河流兩岸的督導和宣傳工作，勢必進行，刻不容緩。否則，環境突變所帶來的將是天翻地覆的惡性循環。

繼而，候鳥不再。

○○○

野生動物保護和自然環境保育意識，日漸普及。讓人類了解維護生態系的重要，開始知道物種和人類息息相關。經常普查野生動物，可以提早預知何種動物瀕臨絕種，施以援手。施以援手，最有效的辦法，就是在其出沒範圍設法連線，讓沿線各地都加入保育行列。

追蹤瀕臨絕種的野生動物，探測其活動範圍，成為施以援手的首要工作。地面的走獸，就在頸部套繫裝有發報器的頸圈。天上的飛鳥，就在背部設置裝有衛星追蹤的發報器。這些發報器，發出的訊號可以維持八個月至一兩年不等。這種工作知易行難，尤以追蹤候鳥的困難度最高。鳥，不容易繫放，不容易安裝發報器。鳥，不容易習慣，也很容易失踪。

○○○

日本，亞洲第一個利用人造衛星追踪候鳥南征北伐路線的國家。日本，研發重量只有十五公克，適合野鳥揹負的衛星接收器，據稱已經成功探測幾種瀕臨絕種鳥類避寒飛翔路線、逗留地和棲息地。

最近，日本野鳥協會發表紅腰杓鷸由澳洲北歸西伯利亞的中途停留地報告。安裝衛星追踪器的紅腰杓鷸，有停留新畿內亞者，有過境菲律賓者，也有直飛臺灣才肯罷休者。七千公里，真是一段漫長的路程。和雀鳥參考資料雷同，紅腰杓鷸確實和喜歡集體行動的白腰杓鷸有分別，經常單獨或成雙活動，據說偶爾還會混雜在白腰杓鷸群內，極難分辨。

總數僅有二千隻的紅腰杓鷸，現在已被列入瀕臨絕種名單，成為極須保護和追踪探討的對象。

至於遲遲才成為追踪目標的黑面琵鷺，現在就要拭目以待了。希望也能藉衛星截取珍貴資料，繼而嘗試迅速於路過沿線，推廣黑面琵鷺的保育宣傳。

○○○

澳洲，對於野生動物保護的熱衷程度，僅次於日本，也做得非常徹底。

澳洲，已經區劃數之不盡的野生動物保護區、自然環境保護區，頗有規模。凱恩斯 Cairns 北邊，車程兩小時的丹特里河 Daintree River，原本就屬於丹特里國家公園一部分，這裡生長着距今超過一億三千五百萬年的丹特里雨林 Daintree Rainforest。濃蔭密布的丹特里河下游，可以進行多種不同的觀鳥活動，清晨、中午、黃昏、甚至夜晚，都有專家引導深入叢林觀鳥。

鳥，尤其在凱恩斯，特別被人重視。但凡十月以後，正逢南半球春夏季節，北半球西伯利亞和中國大陸一些自認身強力壯的候鳥，就會遠渡重洋，以堪稱鳥樂園的丹特里河作為避寒終點站，要溼地有溼地，要雨林有雨林、吃得飽，睡得暖，丹特里河成為候鳥天堂。

凱恩斯，不但保護區附近遍地野鳥，還有不少鳥園。鳥園，顧名思義，就是野鳥動物園。占地寬廣的鳥園，以一些形似太空站的巨大半球型鐵絲網逐一籠罩，進到鳥園的人，無不身置其間。巨大半球型鐵絲網，裡面有小河流水、有鳥語花香，人鳥打成一片，帶來真正體驗。但凡生活在鳥園裡面的野鳥，居然也都樂在其中，儘管囹圄鳥籠，卻可以自由飛翔，擇樹而居，甚至繁殖後代。鳥園，堪稱一絕。

〇〇〇

據説，臺灣郊區出現不少埃及聖鶚。乍聽之下，還真吓人一跳，以為埃及聖鶚不遠千里自非洲遠道而來，對臺灣寶島情有獨鍾。其實不然，查證是桃園縣六龜野生動物園曾經飼養供人觀賞的埃及聖鶚，有一天突然齊齊逃脱，投奔自由，擇地棲息，就地繁殖，造成驚艷結果。

據稱，原本隔着汪洋大海而被當作寵物的南美鸚鵡，臺灣郊區也有破壞樹木的案例傳出。難怪有些人認為，總有一天，本土野鳥會被外來怪客驅逐出境，妻離子散。

○○○

其實，香港也有外地進口禽鳥出現郊區，數字明顯增加。市區，早在十九世紀進口的新畿內亞鸚鵡四處可見。米埔，一些枝頭也有掛着巢口朝下、內鋪襯墊的外來鶯科鳥巢。看來適應力強的外來鳥種確實有其生存之道。

香港也有一些公園，露天圈養珍禽，供人觀賞，方法是修剪飛羽翼尖，令其飛行能力喪失，珍禽只能在範圍不大的地面活動。圈養場所，包括九龍公園、兵頭花園、海洋公園，至於類似澳洲人鳥共處一籠的鳥園，則以香港公園為人津津樂道。

香港的公園，由市政局管理，珍禽聘請專家負責照顧飲食起居，每一個公園都小心翼翼系統化努力經營，不但不希望發生疾病和意外，還奢求珍禽在適應環境以後還能夠繁殖生育。努力確實有成果，九龍公園就有不少成功案例，月報表的數字大幅攀升，可喜可賀。以三月資料顯示，九龍公園來自世界各地的珍禽總計：10目、16科、48屬、71種、五百五十五隻大小禽鳥，包括列為一級保護的棕樹鳳頭鸚鵡、黃頸黑雁、戈芬氏鳳頭鸚鵡、尼柯巴鳩，列為二級保護的棕尾斑嘴犀鳥、小紅鸛、大紅鸛、大緋胸鸚鵡、厚嘴妥鳥空鳥、凹嘴妥鳥空鳥、瘤鴨、藍冠蕉鵑、白頰冠蕉鵑、綠翅王鸚鵡、紅翅鸚鵡、藍黃麥鳥鶉、紅綠麥鳥鶉、黃頭亞馬遜鸚哥、大眼斑雉、馬來犀鳥、米切氏鳳頭鸚鵡、紅尾鳳頭鸚鵡、扁嘴鵜、黑頸天鵝、紅翅折衷鸚鵡、粉紅鳳頭鸚鵡、維多利亞鳳冠鳩，列為三級保護的紫蕉鵑、大鳳冠雉、白臉樹鴨、棕尾火背鷳、鳳冠火背鷳。

九龍公園，成為圈養珍禽最有心得的公園，成績斐然，重實際，講經驗。

○○○

回顧美國佛羅里達州迪士尼樂園，迪士尼樂園裡面的動物王國，半年之內就死了十幾隻野生動物，包括罕見的黑犀牛、白犀牛、獵豹、河馬、亞洲水獺。甚至遊園巴士還意外撞死兩隻西非鶴。

斥資八億美元興建，動物王國還沒有來得及展示計劃當中要收養的一千種稀有動物，已經元氣大傷，期間更驚動動物保護協會予以大肆抨擊。由此可知，照顧野生動物，絕對不是一件容易的事情，氣溫、濕度、食源、習性、水土不服，都是大問題。

○○○

很快地，香港就要擁有大熊貓，大熊貓安置的地方也已經興建完工。儘管宣揚明星物種絕對不值得鼓勵，但是擁有大熊貓卻無形對於野生動物保護帶來起碼的正面教材，能夠讓香港一百萬個家庭真正接觸野生動物。

早已搬上政治舞臺的大熊貓，應該有其震撼力量，可以讓香港人知道野生動物保護和己身有密切關係，知道野生動物和自然環境息息相關，能夠發揮邊際效應，也都會產生一定的作用。進而推己及人，由自己開始，令周邊環境生氣蓬勃，甚至令米埔的紅樹林得以更加欣欣向榮，數以萬計的候鳥每年來往而樂在其中。

維持生態平衡，保持物種繁榮，就能夠直接讓人類從中獲利。否則在人口增長到幾乎無法控制，再遇到接二連三的天災人禍，就是人類束手無策、坐以待斃的時候到了。等到這個時候，悔不當初，已經太遲，人類可能無一倖免，也可能都得要走上通往失樂園的不歸路。

牛背鷺 Cattle Egret，一身鮮艷的繁殖羽，正在四處凝視。

換上繁殖羽的池鷺 Chinese Pond Heron，正等待游上水面的魚蝦。

表示隨時準備起翔。

平常罕見的彎嘴濱鷸Curlew Sandpiper，三月成群結隊出現，高舉雙翼，

鐵嘴沙鴴 Lesser Sandplover。

先散開再轉身，彎嘴濱鷸 Curlew Sandpiper 決定要一飛衝天。中間夾着

金鵰 Golden Eagle 出現基圍，一身戎裝表示隨時飛回北方。

警覺性高的黑水雞 Moorhen 水中速度極快，經常你追我打。

兩隻白骨頂 Coot 有時候好得不得了，有時候卻又大吵大鬧。

跟着漲潮由遠而近，徐徐降落爛泥淺灘的彎嘴濱鷸 Curlew Sandpiper 和澤鷸 Marsh Sandpiper。

成群的彎嘴濱鷸 Curlew Sandpiper 決定即時集體朝北飛去。不知道何時才又度冬到訪米埔基圍了。

白胸翡翠 White-Breasted Kingfisher，站在木桿上等待獵食機會。

普通翠鳥 Common Kingfisher，啣着一條極欲掙扎脫逃的小魚。

裝扮繁殖羽的成年夜鷺 Night Heron 注視水面，決定守株待兔。

鮮艷的繁殖羽打扮，池鷺 Chinese Pond Heron 決心獵艷。

藍翡翠 Black-Capped Kingfisher 站在基圍欄杆上，準備獵食。

池鷺 Chinese Pond Heron 一身繁殖羽，頭上羽飾卻還沒有轉換。

隨機觀察，隨興記錄野鳥百態

○○○

昨天，在香港本島，開車往中環，經過大會堂低座附近的行人陸橋，赫然看見天空有一隻麻鷹，正在追逐一隻鴿子。我以為鴿子必然成為麻鷹爪下囚，然而劇情急轉直下，猛地另外一隻鴿子決然趕至，奮不顧身，即時加入戰鬥，一路追趕麻鷹，啄咬不放，麻鷹踉蹌竄逃，幾乎跌落路面。

我一邊踩着油門開車，一邊目睹着精采過程。這才知道並非麻鷹就是鳥中之王，麻鷹也有被群起攻之的情形出現，我恍然大悟。

於中環辦完事情，開車返回公司的路上，就在海底隧道口的路面，我看見高聳的燈柱上面，兩隻小葵花鳳頭鸚鵡正站在燈罩上面，像是閱兵似的俯視兩頭來往的車輛，自覺無趣，決定振翅高飛，飛了兩圈，繼而雙雙消失在維多利亞公園的樹叢裡面。

兩件平凡的鳥事，卻讓我興奮無比。畢竟這都是自己以前未曾留意過的真實畫面。車，不再只是交通工具。開車，讓自己更覺趣味無窮，似乎無論走到哪裡，沿途都可能遇見驚艷。

直至今日，自己方知香港雀鳥何其多。假如不是最近沉醉野鳥神態四處拍攝，我壓根不會發現鴿子會去啄咬麻鷹，也絕對不會知道站在燈柱上面的就是鳳頭鸚鵡，又或者完全不知道附近曾經有鳥出現。

○○○

很早以前，就有人觀鳥，而且沉迷觀鳥，不但眼睛透過望遠鏡盯住不放，手握着筆桿更會同時在筆記本上沙沙作響，記錄不停。除了特徵、數量、行為，均有明細記載，很多時候，還會在紙上畫出鳥的相貌，標示顏色。久而久之，每一個熱愛觀鳥的人，都能畫出一手好畫。

鳥，只要經過觀鳥人的手，都能惟妙惟肖，栩栩如生，逐一跳躍在筆記本裡面。長久保留的畫鳥習慣，甚至影響鳥類圖鑑，圖鑑幾乎都是手繪，一代傳一代，沒有改變，也沒有人嘗試想要改變。

○○○

科技一日千里，攝影器材日新月異，長焦距鏡頭、自動對焦系統、快速捲片相機、高速感光底片，還是沒有辦法改變觀鳥人的保守習慣。畢竟，每每看見特定目標，想要拍攝的同時，鳥可能已經飛去無踪，再也找不到。

醉心野鳥拍攝的一年裡面，我深深領悟箇中道理。鳥的種類何其多，中國大陸已被發現的雀鳥大概就有兩千種，避寒南下香港的雀鳥大概會有四百種。其中，七成以上的雀鳥，數量不多，警覺性高，看都未必看得見，更別說拍不拍得到。自古至今，但凡研究稀有雀鳥，都是先開槍射殺，繼而泡製標本，然後慢慢研究，品頭論足，加以分類。目前已經分門別類的雀鳥，已經多達九千多種，估計每年還能發現二至三個新品種。

拍攝野鳥，就會因為那些七成以上，數量不多，警覺機智，不容易看得見的雀鳥而倍感困難。人，幾近抓狂。

拍鳥和觀鳥雷同，除了培養耐性，還得要先從普通鳥種入手，直至能夠大約分辨五、六十種不同雀鳥之後，才會習慣鳥性，才能熟能生巧，才能輕易以肉眼找到主角。至於拍不拍得到，那又另外一個話題。

為什麼要先從普通鳥種入手？普通鳥種之所以普通，就是因為習慣接近人類，不但不畏懼人類，而且能夠適應都市環境，大量繁殖，出現壓倒性數量，觀察容易，近距離拍攝也容易，捕捉神態和變換角度相形較易得心應手。由普通鳥種入手，累積拍攝經驗，一步一步，再嘗試尋找品種稀有、距離較遠的鳥種，才不至於覺得無從入手，才不至於失望而又沮喪。

○○○

拍攝野鳥，不像拍攝風景。拍攝風景，可以任意移動取景。拍攝野鳥，不像拍攝人像。拍攝人像，可以發號施令，改變主角姿態神情。拍攝野鳥，甚至要比拍攝哺乳類野生動物更加困難，野鳥會在不可預測的情況快速離去，無影無踪。野鳥，即使左右張望，也比哺乳類野生動物的頻率要快。何況，野鳥身形玲瓏，羽飾發亮，無論對焦、測光，往往模稜兩可，掌控不易。拍攝野鳥，絕對不可操之過急，否則勢必功虧一簣，索然無味，興趣盡失。

除非主題是體積龐大的走禽類，拍攝任何野鳥都必須作事前準備。假如是林鳥，就要先行打聽地勢行程。林鳥多有較固定的活動範圍，拍攝可擇樹以待，最好利用迷彩偽裝攝影帳棚，耐心等候，靜觀其變。利用迷彩帳棚等待，往往大有收穫。

拍攝水鳥不然，如果是候鳥，就得參考海水潮汐表。只有漲潮，才能帶來眾多水鳥。水鳥，永遠跟着潮水漲退，前進後退。拍攝水鳥，必須穿着迷彩裝，頭上最好戴一頂迷彩帽，就算未必騙得了機警的水鳥，在盡量不發出聲響而小心翼翼靠近的時候，迷彩還是可以發揮某些效果。

○○○

請記得，永遠都要運長焦距鏡頭。焦距有多長，就要有多長。長，能人所不能。無論有沒有禁止靠近的指示牌，論誰也沒有辦法近距離接近野生動物，野鳥更令人頭痛。即使是500mm、甚至600mm長焦距鏡頭，即使是加裝二倍增距鏡接環。鳥，還是看起來小得微不足道，姑且不論其神態表情，到底長得是個什麼相貌，底片都難以交待。

拍攝野鳥，還有一個先決條件，那就是一定要使用自動對焦相機。任何廠牌型號，哪怕名氣再大，只要不是自動對焦相機，那就千萬不要用來拍攝野鳥了。手動對焦，不但不能讓人充分手腦並用，經常對好焦距，卻因為野鳥繼續搖頭擺尾而會造成嚴重失焦。特別是長焦距鏡頭，景深極短，焦點即使有丁點模糊，效果也會強差人意，線條不夠銳利，層次交待不清，神態無法烘托表達，原本以為再好的構圖亦化為烏有，只能後悔莫及。後悔沒有使用自動對焦相機拍攝野鳥。

○○○

中片幅一二〇系列自動對焦相機逐一問世。富士，早在兩年以前，率先生產GA645型自動對焦相機，採用60mm廣角鏡頭，由於不能更換鏡頭，GA645型自動對焦相機並不適合拍攝野鳥。賓得，發展645N型自動對焦相機，帶來不小的震撼，配合自動對焦系統，推出四支相關鏡頭，包括400mm長焦距鏡頭。一二〇系列400mm長焦距鏡頭，相等於一三五系列260mm。加裝二倍增距鏡接環，即可以營造相等於一三五系列520mm長焦距鏡頭得遠攝效果，雖然用來拍攝野鳥依然受到距離限制，不能盡情發揮，但是基於大底片本身就有較高素質解析，還是值得投資，可以用來拍攝不同雀鳥題材。

攝影，技巧和經驗雖然重要，器材好壞也影響拍攝效果。特別是野鳥，使用性能優越的長焦距自動對焦相機，就如同培養出來的拍攝技巧和經驗，兩者不相伯仲，唇齒相依，缺一不可。

○○○

一三五系列自動對焦相機，陣容浩大。我卻認為只有兩種首選型號。成為首選，就是因為相機擁有沉重金屬機殼和防震橡膠皮，耐用、防震、兼收平衡效果，同時是必須可以搭配原廠長焦距鏡頭。畢竟，拍攝野鳥，過程本身就相當困難，選擇耐用防震和平衡感十足的相機，對於克服過程種種難題，肯定會有相當幫助。

首選的兩個型號，分別是佳能 EOS1N 搭配 EF600mm 長焦距鏡頭、藝康 F5 搭配 AF-S600mm 長焦距鏡頭。兩者旗鼓相當。其實，佳能早在一年以前，已經研發上市 1200mm 長焦距鏡頭之王，價格卻非常昂貴，不是一般人可以負担。要不是價格問題，佳能 EOS1N 搭配 1200mm，早已成為我推薦當今拍攝野鳥的鑽石組合。1200mm 加裝二倍增距鏡，搖身一變，成為 2400mm 遠攝鏡頭，霸氣十足，絕對能人所不能，就算光圈不夠大，已經不重要，畢竟還是有很多辦法能夠克服小光圈所帶來的困擾。只要有機會拉近主體，就要在所不惜。

○○○

底片，每隔兩年，都會作修正和改良，無論正片還是負片也都會推出新型號。新型號，標誌着最新里程碑，無論色澤、層次、微粒，肯定表現更卓越。柯達，推出E100S。富士，推出Astia100。都是正片。兩者各有過人之處，沖洗出來的幻燈片細膩自然。比起上一代柯達Select和富士Velvia，效果顯然標青。

面對新型號底片，理應真誠面對，坦然接受。事實不然，愛好攝影者選擇底片都會很固執，總是依賴曾經信賴的底片，情有獨鍾。很奇怪，光圈不大、速度不快，新型號底片居然帶來出人意表的較佳效果。選用新型號底片，可能會是克服小光圈、慢速度的最佳方法。所以根本不需要再考慮頭痛醫頭、腳痛醫腳的高速底片，畢竟高速底片的顆粒、層次、沖洗時間，控制並不成熟，牽強附會，效果普通。

至於選用負片拍攝野鳥，畫面肯定不比正片來得出色。運用長焦距鏡頭，要求的就是銳利和鮮艷。相形之下，層次也就不是那麼重要。較短的景深，已經改變以往所有的看法。

○○○

背包，拍攝野鳥肯，定需要一個容積不能太小的相機背包。背包裡面，間隔越多越好，可能需要放置一部備用相機，還要容納一支以備不時之需的中距變焦鏡頭，再放兩個1.4X和2X增距鏡接環，記得要多擺兩排電池、起碼八卷至十二卷底片。另外，準備一罐絕對不能忘記、而且一定要記得噴洒的驅蚊噴劑，甚至多帶一條毛巾、漱口水、參考書籍、筆記本。

能夠放下這麼多重要物品的背包，大概只有Lowepro Photo Trekker AW能夠勝任。拍攝野鳥，看來非它不可了。

○○○

三角架，又是拍攝野鳥不可或缺的重要一環，也是最惱人、最繁瑣的一環。

使用 600mm、又或者較為輕盈的 500mm 長焦距鏡頭，都不可能僅僅依賴雙手支撐。特別是在加裝增距鏡接環，拍攝過程必須穩如泰山，從三角架、相機、鏡頭，以致於取景、對焦、按下快門，絕對不容許任何抖動發生。三角架，則是最容易造成風吹草動的一環，也是最容易為人疏忽的一環。

一部安裝 600mm 長焦距鏡頭相機，重量大概七公斤。七公斤，不是一般可以握在手裡、四處走動的三角架可以支撐的超級重量。能夠載重七公斤的三角架，本身重量起碼就得要有六公斤。換言之，擁有六公斤重量的三角架，才能四平八穩。試想拍攝野鳥，要揹負一個大約五公斤重量的背包，右手提一部七公斤的長焦距鏡頭相機，左手再握一支六公斤重量的三角架，恍如行軍，吃盡苦頭，於荒山野嶺四處游蕩，那是一件多麼吃力的工作。

假如只携帶一支輕便型三角架，一旦遇見驚艷，就會徹底領悟震撼的威力根本沒法擋。驚艷，令人興奮。抑制不住的興奮，會借雙手傳遍相機每一個部分。震撼，就會相應從三角架抖動到鏡頭，再由鏡頭震動回到三角架。呼吸急促，兩手不聽使喚。驀地，驚艷畫面不見了。即使連野鳥也都感應到那一連串、而又不規律的震撼頻率，即時倉皇走避，已經後悔莫及。

三角架，真的是最惱人的一環，看來六公斤重量的三角架是絕對必備器材，可以輔助拍攝過程四平八穩，萬事因而得以隨機應變。

○○○

裝備，看來準備齊全了。跟着，就是選擇目的地，整裝待發。

無論是計劃到溼地拍攝水鳥，還是決定登山拍攝林鳥，或者有其它更讓人雀躍的好地方。但是無論要往哪裡，都會遇到同樣的問題，那就是應該怎麼去？利用什麼交通工具？到達目的地，緊跟着的問題，又會是應該朝什麼方向走？應該怎麼走？究竟什麼位置才能夠看見雀鳥？最後，即使找到值得拍攝的雀鳥，還得要在牠還沒有來得及轉身一飛了之的時候，就必須按動快門。

鳥，會和地面的任何走獸、水裡的任何魚蝦蟹一樣，依賴本能反應，首先調頭向後，然後走為上策。請牢牢記住，當眼睛看見的一刻，也就是手指按下快門的一刻。絕不容緩，否則錯失良機。

夜鷺 Night Heron 站在角落，稍不留意根本就會忽略牠的存在。

包圍，都想分一杯羹。

難得一見的搶奪現象。本來各自埋頭覓食的小白鷺 Little Egret 突然四面

機會獨自吞食。

小白鷺 Little Egret 喜獲鮮魚，突圍而出，拔腳就跑，趕緊到一邊，把握

小白鷺 Little Egret 叼着戰利品，準備拋起來囫圇吞食之前的一剎那。

小白鷺 Little Egret 仔細推敲，趁漲潮來到爛泥灘聚精會神在覓食。

小白鷺 Little Egret 以雙翼遮陽捕食，營造條件抓魚裹腹。

小白鷺 Little Egret 經常出現基圍，勤奮覓食，小心翼翼在捕魚。

小白鷺 Little Egret 正在等待出擊，首先要確定四周沒有人。

大白鷺和小白鷺緊張兮兮留意前方，黑面琵鷺卻在專心覓食。

鷺，右邊五隻水鴨也在水裡獵食。

清晨六點半，大白鷺和蒼鷺比肩而立，後面朦朧可見正在覓食的黑面琵

Grey Heron，左邊是兩隻小白鷺。

攝氏三度，大白鷺 Great Egret 縮着頭盡量保暖。右後方站着一隻蒼鷺

大白鷺 Great Egret 出現漲潮泥灘，旁邊是紅嘴鷗 Black-Headed Gull。

大白鷺 Great Egret 覓食非常有耐性，正在專心等候美食出現。

大白鷺 Great Egret 光臨，絲毫不影響旁邊正在酣睡的綠翅鴨 Teal。

兩隻裝飾繁殖羽的大白鷺 Great Egret 翩然降落爛泥地，姿勢優美。

大白鷺一動也不動，注視前方水面，看看有什麼美食送上門。

躲在蘆葦叢裡的小白鷺已經成為道地留鳥，不仔細看還分辨不清。

大白鷺必然想要獵食大魚，站在稍遠的樹梢才能看得更加清楚。

是誰，讓我變成飛來的異鄉客

○○○

五年了，只要能夠擠出一丁點時間，我就會不顧一切東奔西跑。到非洲拍攝野生動物。下海拍攝海洋生物。在溼地拍攝避寒候鳥，從觀察至記錄，對於野生動物產生莫名興趣。

我在想，如果自己藉着相機和鏡頭，將所捕捉到的畫面，能夠帶到生活緊張而又忙碌的群眾面前，或者可以引起一些共鳴。畢竟，野生動物和我們有太多分不開的關係，保持物種興盛向榮，就得以營造環境良性循環不息。換言之，人類得以延續長存。

○○○

攝影展，就是憑自己全然執着的心態，一次又一次舉辦，如火如荼。一年一次，一年兩次，現在更是一年十數次，欲罷不能。題材由非洲哺乳類野生動物，轉向澳洲哺乳類野生動物。鏡頭再由天上飛的候鳥，轉往海底的珊瑚魚群。最後，即使對原始部落的人種也不放過，一股腦四處拍攝，隨處展覽，只問耕耘，不問收穫。但求共鳴產生迴響，想為野生動物尋根，要為野生動物做事，一心一意認為自己也應該成為替環境、為動物講話的一份子，立志要作蠻荒和文明之間的橋樑，好讓大家藉着我的小小力量，盡量了解周圍環境，看看到底有些什麼仍然共存的野生動物和我們一起成長。

密集的個人生態攝影展，確實如己所料，引起不少共鳴，卻也引起世界自然基金會香港分會的反彈。反彈的原因，居然是我自始至終，籌辦攝影展未曾料及的事情。反彈，因為攝影展的一些贊助商和世界自然基金會香港分會的贊助商出現重疊。也就是說，世界自然基金會香港分會認為利益受到剝削，經濟來源遭人侵蝕。以往僅僅是獨家經營的生態事業，現在感覺如同受到外力侵犯而受到考驗，這是自然基金會最不願意看到的結果，也是我從來也沒有想到會發生的後果。原來，保護野生動物和保護大自然也有利害衝突，自然基金會窄狹的心地，根本容納不下其它對於保護野生動物和保護大自然也有相同理念和共同目標的人，更別説是其它雷同性質的環保機構。

恍如晴天霹靂，我恍然大悟自己最近一直義務為其宣傳、心裡認為崇高至上的環境保護組織，竟然會是這樣，在一些只曉得在中環辦公室坐着，只懂得指責別人的少數行政人員，不肯實事求是，令組織政治化、商業化、獨裁化。原來，從事環境保護行為並不單純，但求名利，你爭我奪，勾心鬥角，形同商業機構。

○ ○ ○

喬治．夏勒，George B. Schaller，聞名世界的野生動物保育專家，名字響亮的程度，足足可以和最近經常走動臺灣的珍．古德 Jane Coodall 相提並論，毫不遜色。喬治曾經研究非洲哺乳類野生動物，出版不少記事作品，而且還是美國介入中國大陸研究保護熊貓的先鋒。

一九八〇年，喬治開始四川田野調查，工作歷時五年，最後他將個人在臥龍所見所聞，雷同日記，撰寫「最後的熊貓」The Last Panda。書名雖然過分誇張，書卻在一九九三年，獲得紐約時報書評好書獎、以及美國國家書評協會好書獎。

「最後的熊貓」，記事林林總總，對於參與保護大熊貓的每一個人，都能夠描述細膩，對於保護行動牽扯到太多過份複雜的組織協調、單位溝通、人與人之間的合作問題也都有詳盡敍述。裡面被點名的還有藉大熊貓作為組織標誌而四處籌款的世界自然基金會、急需大筆經費維持運作的中國林業部、為爭取收視率而彼此競爭的國家地理和美國廣播公司電視臺。「最後的熊貓」，這本書，我早在兩年以前就已經看過了，儘管喬治在書裡不厭其煩剖白分析那麼複雜的人際關係，我卻無動於衷、依然如故、始終陶醉在哺乳類野生動物追踪攝影，畢竟自己從來就沒有實際參與過環境保護行動，更沒有直接接觸過任何相關組織的任何行政人員，而且也沒有悟出書中真諦。

最近，由於突然接到世界自然基金會香港分會寄來的一封信，不實指責我利用基金會名義向外界收取贊助費用，毫無根據的揣測，對我作出人身攻擊。一臉茫然，似曾相識，我決定再看一次「最後的熊貓」。這回，我茅塞頓開，恍然大悟，原來環境保護這麼複雜，其中牽扯太多捐獻和撥款的大小問題。難怪自己會收到世界自然基金會香港分會於一時衝動寄來的這封信。

○○○

為了拍攝避寒南飛的候鳥，我曾經去過澳洲昆士蘭，時間倉促，並沒有機會和當地環保機構聯絡，所以不清楚當地相關組織狀況。

距離香港較近的臺灣，佔着天時地利的方便，只要預報臺灣天氣晴朗，我可能已經携帶器材，搭機前往。經常，就在臺灣拍攝候鳥的時候，遇見一些當地關心野鳥保護和環境保護的朋友。我驚訝地發現，原來他們多屬於不同的相關保護組織，雖然屬於不同組織，彼此卻熱心交換意見，甚至互相支援，不分你我，進行實際環保田野調查工作。我更驚覺的發現，就算是屬於不同環境保護組織，這些有着共同目標的熱心朋友，從不互相作人身攻擊，而且都認同對方的工作態度和成果。我樂於穿梭在逗留臺灣的候鳥其間，也樂於融入臺灣這群屬於不同組織的朋友當中。我覺得在臺灣拍攝候鳥，心情輕鬆愉悅，感覺舒暢自由。

在臺灣拍攝候鳥，遇到的朋友真不少。印象至為深刻的人，要數臺南市野鳥學會會長郭東輝、臺灣濕地保護聯盟江進富、風雨無阻而幾乎每天都在與鳥共舞的翁榮炫，這些良師益友指點着我對於臺灣環境保護有了更正確的認識。

其實，在香港我也有一個良師益友，那是米埔保護區的楊路年博士，他的言談永遠讓人感覺生態保育人人有責，環境保護並沒有政治介入，也不會有勢力干預。

我喜歡往米埔跑，醉心於米埔田野拍攝工作。雖然辛苦，儘管毫無個人利益可言，我卻覺得真正在為野生動物保護和自然環境保育，盡力做些自己應該要做的義務工作。我覺得很慶幸，慶幸自己沒有被幾個無知的人所影響，沒有被世界自然基金會香港分會幾個坐在辦公室猶如井底之蛙的人所影響，我致力宣傳環境保育，我致力宣傳野生動物保護，我決定依然我行我素，奮發耕耘，化無謂的打擊為勤勉工作的原動力。

○○○

有一天，心血來潮，突發奇想，自己既然去過那麼多地方拍攝哺乳類野生動物，為什麼不嘗試在中國大陸境內，進行哺乳類野生動物拍攝行動？一方面，可以學習更多實際追踪經驗；一方面，能夠藉此宣傳野生動物保護，彰顯鄉親化。

我決定行動，第一個目標就是大熊貓。畢竟大熊貓無人不知，大熊貓在野外棲息點滴缺乏公開記錄。選擇拍攝大熊貓，然後再作其他打算，成為我北上的第一步計劃。

首先，我找到當年和喬治．夏勒共同研究大熊貓生態，任教北京大學的潘文石教授。潘文石非常熱心，表示支持，可是據説欲往中國大陸境內任何一個保護區，必須先在北京林業部申請通行證。我打電話給北京世界自然基金會的史秘書，史小姐認為應該直接和林業部保護司國際處聯絡。於是我匆匆試行聯絡林業部，電話聯絡、資料傳真卻又石沉大海，音訊全無。或者，這也正是環保牽涉到協調和溝通的問題，當然也是人與人之間來往的互信問題。

就在一步一步接近環保行政大門的時候，我發現自己才是飛來的異鄉客。想要從事環境保護工作，卻又不得其門而入。原來，野生動物就是資源、自然環境也是資源，資源是不允許被瓜分，資源是得要嚴加保護。而我，正在敲的根本就是一扇一扇寶藏之門——所羅門王的寶藏。

如願以償，我取得北京林業部簽發的保護區通行證。我進出四川臥龍。我深入陝西秦嶺。我看見從未體驗過的神秘景致。我在海拔接近三千公尺的蠻荒山區追踪大熊貓。

○○○

拍攝哺乳類野生動物，從來沒有讓自己有過這麼大的感傷。

飛往遙遠非洲，只需繳納必須支付的門票，即能隨心所欲追踪拍攝非洲哺乳類野生動物。前往中國大陸，只需事前申請保護區通行證，即能隨心所欲追踪拍攝大熊貓。

至於拍攝海底珊瑚景象，只需繳納必須支付的費用，也能即時跳進海裡，隨心所欲追踪拍攝。

自己卻在香港拍攝候鳥，因為於事後舉辦候鳥攝影展，無心觸及利益衝突，感覺失落與懊惱。所幸每次攝影展都是自費舉辦。所幸每次攝影展的贊助費用也全都用來在報紙刊登廣告。

回想起那封代表無知的信件，應該只會為基金會本身添增困擾。無知的信件，代表基金會出現路線偏差，或者正被少數自以為是的行政人員所左右，又或者是我根本就沒有入境隨俗，原地踏步，一直是一個不折不扣的「飛來的異鄉客」。

我確實是有很大的感觸，因為當時有人說：「大家應該站在同一陣線，一起賺錢才對吧。」

我想，自己還是好好作一個埋頭苦幹的異鄉客。我行我素。我要繼續作一個旗幟鮮明的「飛來的異鄉客」。

○○○

補充與澄清——

一、我從來沒有用過世界自然基金會香港分會的名義尋求贊助，也絕對不可能用世界自然基金會香港分會的名義尋求贊助。沒有需要，更無必要。因為我有自己的實力。

二、在楊路年博士的影響和鼓勵之下，拍攝米埔候鳥工作未曾間斷，現在正着手撰寫度冬候鳥習性一書——「飛來的異鄉客」。書，獻給於米埔自然保護區工作的所有同事。

三、拍攝大熊貓行動，終於在年輕有為、幹勁十足的林業局保護處副處長李忠的大力支持，全面展開，已經五次深入秦嶺，工作依然進行中。

某年三月三十一日

（全書完）

反嘴鷸 Avocet 儘管一隻腳站立睡眠，依然可以半清醒監視周圍。

橫行其間，濱鷸只好爭相走避。

彎嘴濱鷸 Curlew Sandpiper 出現后海灣，小白鷺 Little Egret 視若無睹，

日曝晒而迅速呈現乾涸現象。

彎嘴濱鷸 Curlew Sandpiper 集體離開，呼嘯而去，因為退潮令爛地經烈

四月天，換裝完成一半的紅嘴鷗 Black-Headed Gull 張嘴向前者示威。

紅嘴鷗 Black-Headed Gull 亞成鳥在春季就是這樣，全身棕黃顏色。

紅嘴巨鷗 Caspian Tern 絕少過境米埔，個位數字，而且不易近觀。

三月天的紅嘴鷗 Black-Headed Gull 羽色淡棕，外觀就是不一樣。

距離太近，後面的紅嘴鷗表示抗議，前面的紅嘴鷗屢遭騷擾，不勝其煩。

反嘴鷸 Avocet 腳下的蹼即寬且大，左右掃蕩，看來大有斬獲。

飛來的異鄉客

PUBLISHING : 郭良蕙新事業有限公司
KUO LIANG HUI NEW ENTERPRISE CO., LTD.
Room 01-03, 10/F., Honour Industrial Centre,
6 Sun Yip Street, Chai Wan, Hong Kong.
Tel: 2889 3831 Fax: 2505 8615
E-mail : klhbook@klh.com.hk
HONOR PUBLISHER : 郭良蕙 L. H. KUO
MANAGING DIRECTOR : 孫啟元 K. Y. SUEN
DEPUTY GENERAL MANAGER : 黃少洪 SICO WONG
DIRECTOR : 吳佩莉 LILIAN NG
SENIOR DESIGNER : 陳安琪 ANGEL CHAN
PRODUCTION SUPERVISOR : 劉明士 M.T. LAU
PRINTER : KLH New Enterprise Co., Ltd.
Room 01-03, 10/F. Honour Industrial Centre,
6 Sun Yip Street, Chai Wan, Hong Kong
Tel : 2889 3831 Fax : 2505 8615
香港及澳門總代理 : 香港聯合書刊物流有限公司
香港新界大埔汀麗路36號中華商務印刷大廈3字樓
電話：(852) 2150 2100 傳真：(852) 2407 3062
Email : info@suplogistics.com.hk
台北總代理 : 聯合發行股份有限公司
新北市231新店區寶橋路235巷6弄6號2樓
電話：(02) 2917 8022 傳真：(02) 2915 7212
新加坡總代理 : 諾文文化事業私人有限公司
20 Old Toh Tuck Road, Singapore 597655
電話：65-6462 6141 傳真：65-6469 4043
馬來西亞總代理 : 諾文文化事業有限公司
No. 8, Jalan 7/118B, Desa Tun Razak,
56000 Kuala Lumpur, Malaysia
電話：603-9179 6333 傳真：603-9179 6063

飛來的異鄉客
ISBN 978-988-8449-08-8（平裝）

定價 港幣HK$96 台幣NT$360

初版：2017年 3月 (修訂版)

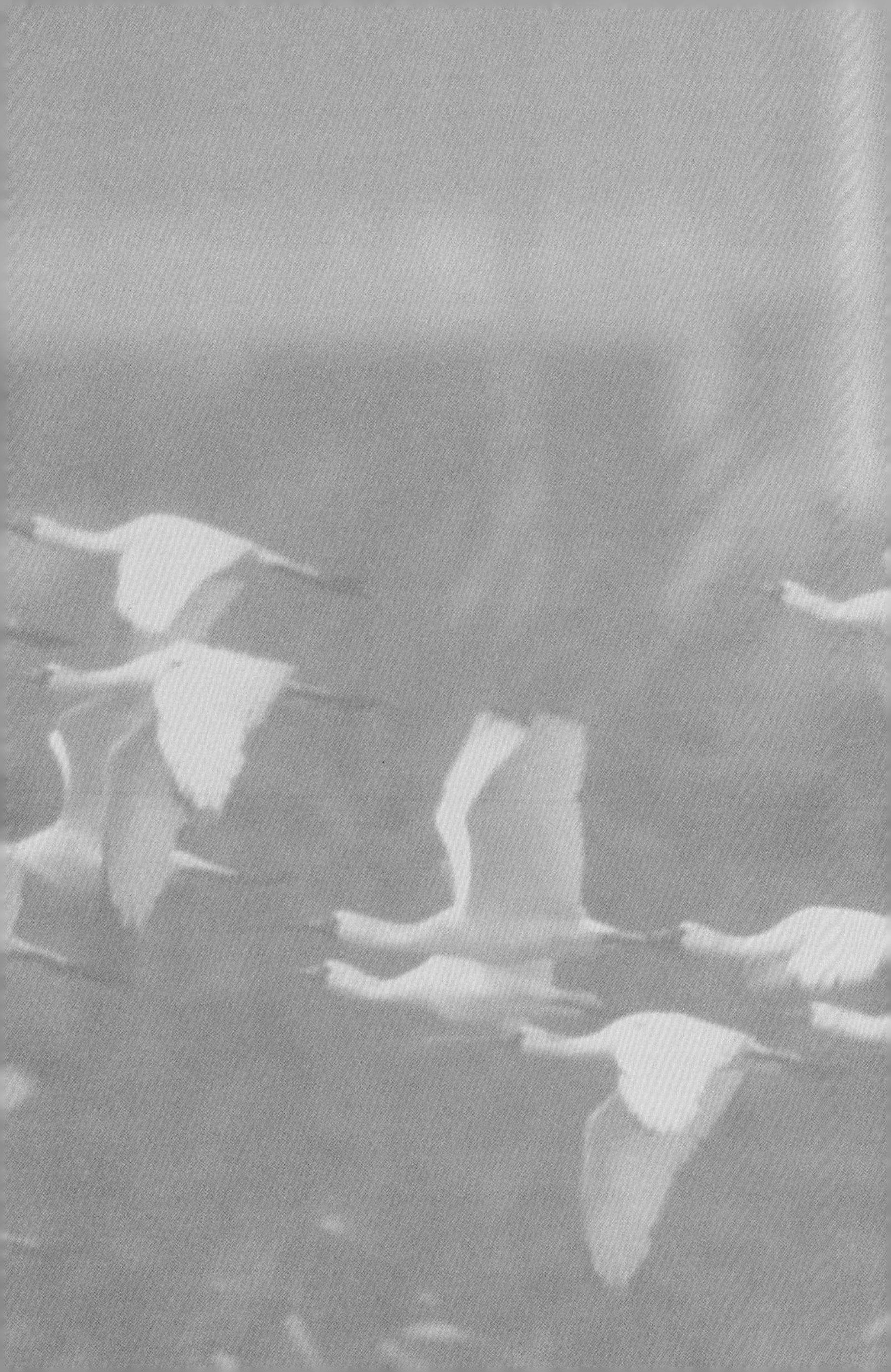